城镇排水与污水处理行业职业技能培训鉴定丛书

排水泵站运行工
培训题库

北京城市排水集团有限责任公司　组织编写

中国林业出版社
·北京·

图书在版编目(CIP)数据

排水泵站运行工培训题库/北京城市排水集团有限责任公司组织编写. —北京：中国林业出版社，2020.9
(城镇排水与污水处理行业职业技能培训鉴定丛书)
ISBN 978-7-5219-0810-7

Ⅰ. ①排… Ⅱ. ①北… Ⅲ. ①市政工程－排水泵－泵站－运行－职业技能－鉴定－习题集 Ⅳ. ①TU992.25－44

中国版本图书馆CIP数据核字(2020)第179339号

中国林业出版社
责任编辑：陈　惠　樊　菲
电　话：(010) 83143614

出版发行　中国林业出版社(100009　北京市西城区刘海胡同7号)
https://www.forestry.gov.cn/lycb.html
印　　刷　北京中科印刷有限公司
版　　次　2020年10月第1版
印　　次　2020年10月第1次印刷
开　　本　889mm×1194mm　1/16
印　　张　9
字　　数　285千字
定　　价　54.00元

城镇排水与污水处理行业职业技能培训鉴定丛书
编写委员会

主　　编　郑　江
副 主 编　张建新　蒋　勇　王　兰　张荣兵
执行副主编　王增义

《排水泵站运行工培训题库》编写人员

肖　鲁　王宇红　杨宝栋　王志涛　祝　欣
谢阁新　张文琪　王博翀　郭立华　赵金亮
杨　超

前 言

2018年10月，我国人力资源和社会保障部印发了《技能人才队伍建设实施方案（2018—2020年）》，提出加强技能人才队伍建设、全面提升劳动者就业创业能力是新时期全面贯彻落实就业优先战略、人才强国战略、创新驱动发展战略、科教兴国战略和打好精准脱贫攻坚战的重要举措。

我国正处在城镇化发展的重要时期，城镇排水行业是市政公用事业和城镇化建设的重要组成部分，是国家生态文明建设的主力军。为全面加强城镇排水行业职业技能队伍建设，培养和提升从业人员的技术业务能力和实践操作能力，积极推进城镇排水行业可持续发展，北京城市排水集团有限责任公司组织编写了本套城镇排水与污水处理行业职业技能培训鉴定丛书。

本套丛书是基于北京城市排水集团有限责任公司近30年的城镇排水与污水处理设施运营经验，依据国家和行业的相关技术规范以及职业技能标准，并参考高等院校教材及相关技术资料编写而成，包括排水管道工、排水巡查员、排水泵站运行工、城镇污水处理工、污泥处理工共5个工种的培训教材和培训题库，内容涵盖安全生产知识、基本理论常识、实操技能要求和日常管理要素，并附有相应的生产运行记录和统计表单。

本套丛书主要用于城镇排水与污水处理行业从业人员的职业技能培训和考核，也可供从事城镇排水与污水处理行业的专业技术人员参考。

由于编者水平有限，丛书中可能存在不足之处，希望读者在使用过程中提出宝贵意见，以便不断改进完善。

2020年6月

目　录

第一章

初 级 工

第一节　安全知识

一、单选题

1.《中华人民共和国安全生产法》规定，特种作业人员必须经专门的安全作业培训，并取得特种作业(　　)证书，方可上岗作业。

A. 操作资格　　B. 许可　　C. 安全　　D. 审核

答案：A

2. 依据《中华人民共和国安全生产法》的规定，生产经营单位使用的涉及生命安全、危险性较大的特种设备，以及危险物品的容器、运输工具，必须按照国家有关规定，由专业生产单位生产，并经取得专业资质的检测、检验机构检测、检验合格，取得(　　)，方可投入使用。

A. 检测检验合格证或者准运证　　B. 安全使用证或者安全标志

C. 安全认证标志或者安全警示标志　　D. 安全生产许可证或者安全警示标志

答案：B

3. 依据《中华人民共和国安全生产法》的规定，生产经营单位对承包单位、承租单位的安全生产工作实行(　　)管理。

A. 委托负责　　B. 全面负责　　C. 间接负责　　D. 统一协调

答案：D

4. 依据法的效力解释，《中华人民共和国安全生产法》的效力是依据(　　)设置的。

A. 属地原则　　B. 属人原则

C. 属人原则与属地原则相结合　　D. 以上都不是

答案：C

5. 依据《中华人民共和国安全生产法》的规定，因生产安全事故受到伤害的人员，有权依法得到相应的赔偿。下列关于赔偿的说法正确的是(　　)。

A. 受到伤害的人员只能依法获得工伤社会保险赔偿

B. 受到伤害的人员工伤社会保险赔偿不足的，可以依照有关民事法律提出赔偿要求

C. 受到伤害的人员除依法享有工伤保险赔偿外，还可以依照有关民事法律提出赔偿要求

D. 受到伤害的人员只能依照有关民事法律提出赔偿要求

答案：C

6. 依据《中华人民共和国安全生产法》的规定，生产经营单位发生生产安全事故后，事故现场有关人员应当立即报告(　　)。

A. 本单位负责人　　B. 所在地市总工会

C. 所在地安全生产监管部门　　D. 所在地人民政府

答案：A

7. 依据《中华人民共和国安全生产法》的规定，生产经营单位的主要负责人未履行安全生产管理职责，受刑事处罚或撤职处分的，自刑罚执行完毕或者受处分之日起(　　)年内不得担任任何生产经营单位的主要负责人。

A. 一　　B. 三　　C. 五　　D. 十

答案：C

8. 新参加工作的人员、(　　)和临时参加劳动的人员可随同参加工作，但不得单独作业。

A. 无操作证的人员　　B. 实习人员　　C. 外施人员　　D. 以上都是

答案：B

9. 从业人员有权了解其作业场所和工作岗位存在的(　　)。

A. 机器设备的数量　　B. 管理机构的组成

C. 危险因素　　D. 人员的分布情况

答案：C

10. 人长时间在(　　)的噪声环境中工作，就会导致永久性的听力损伤。

A. 60dB　　B. 80dB　　C. 100dB　　D. 120dB

答案：D

11. 工人在梯子上工作时，梯子与地面的角度应为(　　)左右。

A. 15°　　B. 30°　　C. 45°　　D. 60°

答案：D

12. 旋转部件和成切线运动部件间的咬合处是机械设备的危险部位之一。下列危险部位中，属于这种危险部位的是(　　)。

A. 金属刨床的工作台与床身　　B. 锻锤的锤体

C. 传动皮带与皮带轮　　D. 剪切机的刀刃

答案：C

13. 在机械行业，存在物体打击、车辆伤害、机械伤害、起重伤害、触电、灼烫、火灾、高处坠落、坍塌、火药爆炸、化学性爆炸、物理性爆炸、中毒和窒息等多种危险、危害因素。起重机操作失误导致的撞击属于(　　)危险、危害因素。

A. 物体打击　　B. 机械伤害　　C. 高处坠落　　D. 起重伤害

答案：D

14. 预防机械伤害包括实现机械本质安全和保护操作者及有关人员安全等方面的对策。实现机械本质安全的主要措施包括：①使人们难以接近机器的危险部位；②减少或消除接触机器的危险部件的次数；③提供保护装置或个人防护装备；④消除产生危险的源头。实施上述措施的正确顺序是(　　)。

A. ②①③④　　B. ④③②①　　C. ④②①③　　D. ①③②④

答案：C

15. 机械安全设计与机器安全装置包括本质安全、失效安全、定位安全、机器布置、机器安全防护装置等多项技术。每项技术又包含若干项安全措施。设计中，把机器的危险部件安置到不可能触及的位置的做法属于(　　)技术。

A. 失效安全　　B. 定位安全

C. 机器布置　　D. 机器安全防护装置

答案：B

16. 起重机械是一种间歇动作的机械，必须要经常宿动和制动。提升机构的制动器既是起重机械的工作装置，又是起重机械的安全装置。制动器的作用是(　　)。

A. 支持、制动、落重　　B. 支持、制动、提升

C. 平移、制动、落重　　D. 支持、提升、落重

答案：A

17. 进行电弧焊时发生的触电事故比较多，而且多发生在更换焊条的操作中。这是因为交流弧焊机的空载

输出电压多为(　　)。

A. 220 ~ 380V　　B. 110 ~ 220V　　C. 60 ~ 75V　　D. 25 ~ 35V

答案：C

18. 某保护接地装置的接地电阻为3Ω，流过该接地装置的最大接地故障电流为10A。如果接触该设备的人的人体电阻为1000Ω，则在故障情况下流过人体的最大电流约为(　　)。

A. 30mA　　B. 10A　　C. 13A　　D. 30A

答案：A

19. 用于防止人身触电事故的漏电保护装置应优先选用高灵敏度保护装置。高灵敏度保护装置的额定漏电动作电流不应超过(　　)。

A. 30mA　　B. 50mA　　C. 100mA　　D. 150mA

答案：A

20. 按照探测元件与探测对象的关系，火灾探测器可分为接触式和非接触式两种基本类型。下列火灾探测器中属于接触式的是(　　)。

A. 感光式探测器　　B. 感烟式探测器　　C. 图像式探测器　　D. 光束式探测器

答案：B

21.《火灾分类》(GB/T 4968—2008)按可燃物的类型和燃烧特性将火灾分为六类。C类火灾是指(　　)。

A. 固体火灾　　B. 液体火灾　　C. 金属火灾　　D. 气体火灾

答案：D

22. 在规定条件下，把材料或制品加热到释放出的气体能在瞬间着火并出现火焰的最低温度称为(　　)。

A. 燃点　　B. 闪燃　　C. 闪点　　D. 自燃点

答案：C

23. 下列对安全带(绳)使用注意事项描述错误的是(　　)。

A. 使用前应检查安全带各部位是否完好无损

B. 安全带所连接的挂点应位于工作平面上方

C. 使用长2m以上的安全绳应采用自锁器或速差自控器

D. 只要安全带无破损就可一直使用

答案：D

24. 超过使用期限的安全带，如有必要继续使用，则应每(　　)抽样检验1次，检验合格后方可继续使用。

A. 3个月　　B. 半年　　C. 1年　　D. 2年

答案：B

25. 下列对呼吸防护用品中面罩清洁的做法描述错误的是(　　)。

A. 用软毛刷沾温水清洁　　B. 用软毛刷沾洗衣粉清洁

C. 用软布沾温水清洁　　D. 直接用清水冲洗

答案：B

26. 电动送风呼吸器的使用时间不受限制，供气量较大，可以同时供(　　)使用，送风量依人数和导气管长度而定。

A. 1 ~ 5人　　B. 1 ~ 4人　　C. 1 ~ 3人　　D. 1 ~ 2人

答案：A

27. 下列不属于长管呼吸器类型的是(　　)。

A. 自吸式长管呼吸器　　B. 正压式空气呼吸器

C. 连续送风式长管呼吸器　　D. 高压送风式长管呼吸器

答案：B

28. 在存放易燃易爆危险品的场所，工作人员不得穿(　　)。

A. 纯棉工作服　　B. 橡胶防雨服　　C. 化纤防护服　　D. 防静电工作服

答案：C

29. 防爆型电气设备有隔爆型、增安型、充油型、充砂型、本质安全型、正压型、无火花型等类型。本质安全型设备的标志是(　　)。

A. i　　B. e　　C. d　　D. P

答案：A

30. 从事易燃易爆作业的人员应穿(　　)，以防静电危害。

A. 合成纤维工作服　　B. 防油污工作服

C. 含金属纤维的棉布工作服　　D. 防水工作服

答案：C

31. 心肺复苏术中，胸外心脏挤压每分钟平均为(　　)。

A. 60 次　　B. 80 次　　C. 100 次　　D. 120 次

答案：C

32. 对于工伤事故中呼吸和心跳停止的伤员，在(　　)内抢救成功率极高。

A. 300s　　B. 600s　　C. 800s　　D. 900s

答案：A

33. 凡在坠落高度基准面(　　)及以上有可能坠落的高处进行的作业叫高处作业。

A. 1m　　B. 2m　　C. 3m　　D. 4m

答案：B

34. 有害物质的发生源，应布置在工作地点机械通风或自然通风的(　　)。

A. 前面　　B. 后面　　C. 上风侧　　D. 下风侧

答案：D

35. 企业经理、厂长对企业的安全生产(　　)。

A. 负全面责任　　B. 负主要责任　　C. 不负责任　　D. 负部分责任

答案：A

36. 工人有权拒绝(　　)的指令。

A. 违章作业　　B. 班组长　　C. 安全人员　　D. 高空作业

答案：A

37. 当有人员烧伤时，应迅速将伤者衣服脱去，用水冲洗降温，不要任意把水泡弄破，是为了避免(　　)。

A. 伤者身体着凉　　B. 扩大影响　　C. 伤面污染　　D. 以上都不是

答案：C

38. 调查意外事故的主要目的是(　　)。

A. 追究责任　　B. 计算损失　　C. 防止意外再次发生　　D. 以上都不是

答案：C

39. 发现有人受重伤时，施救者首先应(　　)。

A. 带伤者到急救站　　B. 安慰伤者，等待救援人员赶到

C. 保持镇静，立即派人通知负责人和急救站　　D. 拨打急救电话

答案：C

40. 从事有限空间作业时，现场人员必须严格执行(　　)的原则，对有限空间内的有毒有害气体含量进行检测并全程监测，做好实时检测记录。

A. 边检测、边作业　　B. 先作业、后检测

C. 先检测、后作业　　D. 先搅动、后检测

答案：C

41. 压力表在刻度盘上标刻的红线表示(　　)。

A. 最低工作压力　　B. 中间工作压力　　C. 最高工作压力　　D. 无实际意义

答案：C

42. 从业人员经过安全教育培训，已了解岗位操作规程，但未遵守规程而造成事故的，行为人应负(　　)责任，有关负责人应负管理责任。

A. 领导　　B. 管理　　C. 直接　　D. 全部

答案：C

43. 社会保险中的工伤保险费由(　　)缴纳。

A. 从业人员　　B. 生产经营单位

C. 地方财政拨款　　D. 从业人员和生产经营单位共同

答案：B

44. 工作场所发生火灾时，应(　　)。

A. 尽快搭乘电梯撤离　　B. 按防火通道标志指示撤离

C. 各显其能，凭自己的本领逃离　　D. 在原地等待救援

答案：B

45. 遇到火灾时，要迅速向(　　)逃生。

A. 顺着火的方向　　B. 人员多的方向　　C. 安全出口的方向　　D. 没人的地方

答案：C

46. 火灾使人丧生的最主要原因是(　　)。

A. 被人踩踏　　B. 窒息　　C. 烧伤　　D. 恐慌

答案：B

47.《中华人民共和国消防法》于(　　)开始实行。全国消防宣传日是(　　)。

A. 1999 年 9 月 1 日，11 月 9 日　　B. 1999 年 9 月 1 日，9 月 9 日

C. 1998 年 9 月 1 日，11 月 9 日　　D. 1998 年 9 月 1 日，9 月 9 日

答案：A

48. 用灭火器灭火的最佳位置是(　　)。

A. 上风或侧风位置　　B. 下风位置　　C. 任意位置　　D. 视当时天气而定

答案：A

49. 下列不属于干粉灭火器的正确使用方法的是(　　)。

A. 将安全销拉开

B. 将皮管朝向火点

C. 用力压下把手，选择上风位置接近火点，将干粉射入火焰基部

D. 将火熄灭后再以水冷却除烟

答案：D

50. 如遇小汽车在行驶途中着火，下列措施中不正确的是(　　)。

A. 继续开车行驶　　B. 打开车门逃生并报警

C. 用随车灭火器灭火　　D. 迅速停车并切断电源

答案：A

51. 为避免汽车发生自燃，下列做法不正确的是(　　)。

A. 做好机动车的日常检查　　B. 不轻易私自改装汽车

C. 不将易燃物品放在车内　　D. 车上不配备灭火器

答案：D

52. 灭火的最佳时机是火灾发生的(　　)。

A. 初期　　B. 旺盛期　　C. 衰退期　　D. 中期

答案：A

53. 发现有人触电后，应立即切断电源或用木棒、(　　)等绝缘物品挑开触电者身上的带电物品。

A. 金属棒　　B. 橡胶制品　　C. 玻璃　　D. 铁棍

答案：B

54. 电流为(　　)时，称为致死电流。

A. 50mA　　B. 100mA　　C. 150mA　　D. 200mA

答案：A

55. 人的感知电流是指电流通过人体时，引起人产生发麻的感觉及轻微针刺感的最小电流。就工频电流有效值而言，人的感知电流约为(　　)。

A. 0.1 ~ 0.2mA　　B. 0.5 ~ 1mA　　C. 0 ~ 100mA　　D. 200 ~ 300mA

答案：B

56. 发生触电事故的危险电压一般是从(　　)开始。

A. 24V　　B. 36V　　C. 65V　　D. 220V

答案：C

57. 高压线断落在地面时，如果有人正在导线断落点周围20m 内，(　　)较为安全。

A. 跨步行走离开　　B. 单足或双足跳离开

C. 原地等待　　D. 原地双足跳

答案：B

58. 照明安全灯的常用电压是(　　)。

A. 12V　　B. 24V　　C. 36V　　D. 48V

答案：C

59. 在潮湿的地方维修设备应使用安全灯，安全灯的常用电压是(　　)。

A. 24V　　B. 12V　　C. 36V　　D. 48V

答案：A

60. 如果发生电气火灾，在允许的情况下，在场人员必须首先(　　)。

A. 寻找合适的灭火器扑救火灾　　B. 将有开关的电源关掉

C. 大声呼叫　　D. 迅速逃离

答案：B

61. 三线电缆中的红线代表(　　)。

A. 零线　　B. 火线　　C. 地线　　D. 零线或地线

答案：B

62. 停电检修时，在一经合闸即可送电到工作地点的开关或刀闸的操作把手上，应悬挂(　　)标示牌。

A.“在此工作”　　B.“止步，高压危险”　　C.“禁止合闸，有人工作”　　D.“禁止入内”

答案：C

63. 触电事故中，绝大部分是由(　　)导致人员伤亡的。

A. 电击　　B. 烧伤　　C. 电休克　　D. 窒息

答案：C

64. 如果触电者伤势严重，呼吸或心跳已停止，应竭力施行(　　)和胸外心脏挤压。

A. 按摩　　B. 点穴　　C. 人工呼吸　　D. 观察

答案：C

65. 发生电气火灾时，下列灭火方法错误的是(　　)。

A. 用四氯化碳灭火器灭火　　B. 用沙土灭火

C. 用水灭火　　D. 用1211 灭火器灭火

答案：C

66. 静电电压最高可达(　　)，可现场放电，产生静电火花，从而引起火灾。

A. 36V　　B. 50V　　C. 220V　　D. 数万伏

答案：D

67. 使用漏电保护器是为了防止(　　)。

A. 发生触电事故　　B. 电压波动　　C. 电荷超负荷　　D. 电压不能满足使用要求

答案：A

68. 使用电气设备时，由于维护不及时，当(　　)进入时，将导致短路事故。

A. 导电粉尘或纤维　　B. 强光辐射　　C. 热气　　D. 空气中的颗粒物

答案：A

69. 工厂内各固定电线插座损坏时，将会造成(　　)。

A. 工作不方便　　B. 不美观　　C. 触电伤害　　D. 火灾

答案：C

70. 下列有关使用漏电保护器的说法正确的是(　　)。

A. 漏电保护器既可用来保护人身安全，还可对低压系统或设备的对地绝缘状况起到监督作用

B. 漏电保护器安装点之后的线路不可对地绝缘

C. 在日常使用中，不可以在通电状态下按动漏电保护器的实验按钮来检验其是否灵敏可靠

D. 漏电保护器可以起到稳定电压的作用

答案：A

71. 在未做好(　　)工作以前，千万不要开动机器。

A. 通知主管　　B. 检查所有安全防护装置是否安全可靠

C. 机件擦洗　　D. 涂抹润滑油

答案：B

72. 公共安全标志中的禁止标志的作用是(　　)。

A. 引起人们注意　　B. 警告人们小心　　C. 禁止人们行动　　D. 无实际意义

答案：C

73. 配电箱内的电器应按规定紧固在电器安装板上，电器安装板应为(　　)，电器安装板不得歪斜、松动和破损。

A. 木板　　B. 绝缘板或金属板　　C. 纤维板　　D. 塑料板

答案：B

74. 配变电室要做到的“五防”是指防火、防水、防漏、防雪、(　　)；“一通”是指保持通风良好。

A. 防盗　　B. 防风　　C. 防小动物　　D. 防滑

答案：C

75. 发生食入性中毒后，6h 内应立即采取的急救措施是(　　)。

A. 输液　　B. 大量饮水，并用筷子刺激咽喉，反复催吐

C. 服用抗生素　　D. 打针

答案：B

76. 为了防止中暑，应该少量多次饮水或饮点(　　)为好。

A. 矿泉水　　B. 纯净水　　C. 淡盐水　　D. 牛奶

答案：C

77. 在雷雨天不要走近高压电线杆、铁塔、避雷针，应离其至少(　　)。

A. 10m　　B. 15m　　C. 20m　　D. 50m

答案：A

78. 电脑由于不明原因冒烟时，应避开(　　)进行处置，以防爆炸伤人。

A. 屏幕侧面　　B. 屏幕正面　　C. 屏幕后面　　D. 屏幕上方

答案：B

79. 安全带的正确挂扣方法是(　　)。

A. 低挂高用　　B. 高挂低用　　C. 高挂高用　　D. 平挂高用

答案：B

80.《中华人民共和国道路交通安全法》规定：电动自行车在非机动车道内行驶时，最高时速不得超过(　　)。

A. 5km　　B. 15km　　C. 20km　　D. 30km

答案：B

81. 硫化氢是一种(　　)的气体，比空气略重，在含量为 0.07% ~0.1% 时，很短的时间内就可以引起人的急性中毒、呼吸中枢麻痹；在含量达到 0.2% 时，数分钟内能致人死亡，是排水管道中危险性最大的有毒有害气体。

A. 无色、无味、不可燃　　B. 无色、无味、可燃

C. 无色、有臭鸡蛋味、可燃　　D. 无色、有臭鸡蛋味、不可燃

答案：C

82. 利用复合式气体检测仪检测排水管道中硫化氢气体的浓度时，当其浓度大于(　　)，复合式气体检测仪开始报警，提醒工作人员硫化氢浓度已超标。

A. 5ppm①　　B. 10ppm　　C. 30ppm　　D. 50ppm

答案：B

83. 利用复合式气体检测仪检测排水管道中氧气的浓度时，当其浓度小于(　　)，复合式气体检测仪开始报警，提醒工作人员氧气浓度已低于安全值。

A. 15. 5%　　B. 19. 5%　　C. 21. 5%　　D. 29. 5%

答案：B

84. 根据《中华人民共和国计量法》，复合式气体检测仪对人身安全意义重大，检测仪应由计量管理人员每(　　)送至计量检定机构进行1次强制检定，以确保其准确性。

A. 半年　　B. 1年　　C. 2年　　D. 3年

答案：B

85. 根据有关规定，正压式呼吸器的气瓶应每(　　)进行1次强制检定。

A. 1年　　B. 2年　　C. 3年　　D. 4年

答案：A

86. 空气中甲烷含量达到(　　)时，遇明火会发生爆炸。

A. 0. 4%~4%　　B. 5%~15%　　C. 25%~30%　　D. 45%~50%

答案：B

87. 空气中甲烷含量达到(　　)以上时，人就会因严重缺氧而出现呼吸困难、心动过速、昏迷等症状，甚至会因窒息而死亡。

A. 0. 4%~5%　　B. 5. 5%~16%　　C. 25%~30%　　D. 45%~50%

答案：D

88. 下列关于硫化氢气体毒理的描述，错误的是(　　)。

A. 人吸入70~150mg/m³硫化氢2~5min后，闻到的臭气更加强烈

B. 人吸入70~150mg/m³硫化氢1~2h，会出现呼吸道及眼刺激症状

C. 人吸入760mg/m³硫化氢15~60min，会发生肺水肿、支气管炎及肺炎，产生头痛、头昏、步态不稳、恶心、呕吐等症状

D. 人吸入1000mg/m³硫化氢数秒钟，会很快出现急性中毒症状，呼吸加快后因呼吸麻痹而死亡

答案：A

89. 人若吸入浓度达到(　　)的硫化氢数秒钟后，很快会急性中毒，呼吸加快后因呼吸麻痹而死亡。

A. 70~150mg/m³　　B. 300mg/m³　　C. 760mg/m³　　D. 1000mg/m³

答案：B

90. 下列气体中，(　　)属于易燃气体。

A. 二氧化碳　　B. 乙炔　　C. 氧气　　D. 氮气

答案：B

91. 下列毒气中，无色无味的是(　　)。

A. 氯气　　B. 一氧化碳　　C. 二氧化硫　　D. 硫化氢

答案：B

92. 空气中，硫化氢的最高容许浓度为(　　)。

A. 8mg/m³　　B. 10mg/m³　　C. 15mg/m³　　D. 20mg/m³

答案：B

93. 硫化氢气体为(　　)气体。

---

① 1ppm = 0. 001‰，下同。

A. 剧毒　　B. 高毒　　C. 低毒　　D. 微毒

答案：A

94. 下列关于硫化氢的物理、化学性质的描述错误的是(　　)。

A. 硫化氢物理性质稳定　　B. 硫化氢是一种无色无味的气体

C. 硫化氢溶于水和乙醇　　D. 硫化氢是一种易燃易爆的气体

答案：B

95. 如果井下有毒有害气体超标，而因工作需要或紧急情况工作人员必须立即下井作业，其必须经单位领导批准后佩戴(　　)下井。

A. 正压式空气呼吸器　　B. 长管式空气呼吸器　　C. 过滤式呼吸器　　D. 氧气呼吸器

答案：A

96. 下列不属于特种作业的是(　　)。

A. 机床使用　　B. 电梯维修　　C. 驾驶铲车　　D. 下井维修

答案：A

97. 离开特种作业岗位(　　)以上的特种作业人员，须重新进行安全技术考核，合格后方可从事原作业。

A. 1 年　　B. 2 年　　C. 3 年　　D. 6 个月

答案：A

98. 风力在(　　)以上，严禁动火。

A. 5 级　　B. 6 级　　C. 7 级　　D. 8 级

答案：A

99. 管径小于(　　)的管道，严禁进入其内部作业。

A. 600mm　　B. 800mm　　C. 1000mm　　D. 1200mm

答案：B

100. 从防止触电的角度来说，绝缘、屏护和间距是防止(　　)的安全措施。

A. 电磁场伤害　　B. 间接接触点击　　C. 静电点击　　D. 直接接触点击

答案：D

101. 把电气设备正常情况下不带电的金属部分与电网的保护零线进行连接，称作(　　)。

A. 保护接地　　B. 保护接零　　C. 工作接地　　D. 工作接零

答案：B

102. 起重机的安全工作寿命，主要取决于(　　)不发生破坏的工作年限。

A. 工作机构　　B. 机构的易损零部件　　C. 金属结构　　D. 电气设备

答案：C

103. 装设避雷针、避雷线、避雷网、避雷带都是防护(　　)的主要措施。

A. 雷电侵入波　　B. 直击雷　　C. 反击　　D. 二次放电

答案：B

104. 当工作人员操作打磨工具时，必须穿戴(　　)。

A. 围裙　　B. 防潮服　　C. 护眼罩　　D. 防静电服

答案：C

105. 相对于腐蚀环境，变电所、配电所应设在(　　)。

A. 全年最小频率风向的上风侧　　B. 全年最小频率风向的下风侧

C. 全年主导风向的下风侧　　D. 任意位置

答案：B

106. 工作人员进入现场施工前，必须先观察施工区域的(　　)位置，以便应对紧急情况。

A. 引桥跳板　　B. 照明设备　　C. 逃生通道　　D. 消防通道

答案：C

107. 职业病是指企业、事业单位和个体经济组织的劳动者在职业活动中，因接触(　　)而引起的疾病。

A. 粉尘　　B. 放射性物质

C. 除A、B外的其他有毒、有害物质
D. 以上都正确

答案：D

108. 在下列工厂防尘措施中，最后考虑的是(　　)。

A. 佩戴防尘口罩
B. 采用湿式作业
C. 安装除尘器系统
D. 经济、可行时，改革工艺以减少粉尘产生

答案：A

109. 关于配变电站的设置，下列说法正确的是(　　)。

A. 地下变压器室的门应为防火门
B. 地下配变电站可装设油浸式变压器
C. 柱上可安装800kV · A的电力变压器
D. 柱上变压器的底部距地面高度不应小于1m

答案：A

110. 钢材硬度与含碳量的关系是(　　)。

A. 含碳量与其硬度无关
B. 含碳量越大，其硬度越低
C. 含碳量越小，其硬度越高
D. 含碳量越大，其硬度越高

答案：D

111. 取得特种作业人员操作证者，每(　　)进行1次复审。

A. 1年
B. 2年
C. 3年
D. 4年

答案：B

112. 工伤医疗中的挂号费(　　)。

A. 全额报销
B. 报销3/4
C. 报销1/2
D. 不予报销

答案：A

113. 重大危险源评价以(　　)作为评价对象。

A. 危险厂房
B. 反应区
C. 一个工厂
D. 危险单元

答案：D

114. 生产性粉尘对人体有多方面的不良影响，尤其是含有(　　)的粉尘，能引起严重的职业病——矽肺。

A. 有毒物质
B. 放射性物质
C. 铅
D. 游离二氧化硅

答案：D

115. 对于生产经营单位违反安全生产法律、法规，侵犯从业人员(　　)的行为，工会有权要求其整改。

A. 合法权益
B. 人身权利
C. 生命财产安全
D. 知情权

答案：A

116. 发现危及从业人员生命安全的情况时，工会有权建议生产经营单位组织从业人员(　　)。

A. 进行隔离
B. 讨论安全措施
C. 讨论解决问题的办法
D. 撤离危险场所

答案：D

117. 电梯中防止电梯超速和断绳的保护装置是(　　)。

A. 限速器
B. 安全钳
C. 曳引轮
D. 缓冲器

答案：B

118. 工业的无害化排放，是通风防毒工程必须遵守的重要准则，可采用不同的有害气体净化方法。下列排出气体的净化方法中，利用化学反应，达到无害物排放的方法是(　　)。

A. 燃烧法
B. 多孔性固体吸附法
C. 静电法
D. 袋滤法

答案：A

119. 在含硫化氢的作业环境中进行作业时，应根据现场作业人员的数量配备相应数量的(　　)。

A. 正压式空气呼吸器
B. 负压式空气呼吸器
C. 防毒口罩
D. 防毒面具

答案：A

120. 对环境空气中可燃气的监测，常常用可燃气环境危险度表示。如监测结果为20% LEL，则表明环境空

气中可燃气含量为(　　)。

A. 20%(体积比)　　B. 20%(浓度比)　　C. 爆炸下限的20%　　D. 爆炸上限的20%

答案：C

121. 当人在火灾中逃离充满烟雾的房间时，要尽量使头部(　　)，以减少吸入烟气。

A. 抬起　　B. 保持与地面1m左右的距离

C. 靠近墙壁　　D. 贴近地面

答案：D

122. 下列不属于生产经营单位主要负责人的安全生产职责的是(　　)。

A. 对"三违"人员进行再教育

B. 组织制定本单位的安全生产规章和规程

C. 组织制定和实施本单位的安全生产事故应急救援预案

D. 督促及时消除事故隐患

答案：A

123. 生产经营单位对新入厂的从业人员，应进行三级安全生产培训教育，根据现行行政规章规定，下列属于三级安全生产教育培训内容的是(　　)。

A. 厂矿级安全生产培训教育　　B. 车间级安全生产培训教育

C. 岗位安全生产培训教育　　D. 班组安全生产培训教育

答案：C

124. 下列劳动防护用品中，不属于特种劳动防护用品的是(　　)。

A. 安全帽　　B. 钢包鞋

C. 耐酸碱手套　　D. 防毒面罩

答案：C

125. 根据国家经贸委颁布的《劳动防护用品配备标准(试行)2000》，下列关于用人单位应当承担的责任描述错误的是(　　)。

A. 为从业人员免费提供劳动防护用品

B. 督促从业人员正确使用劳动防护用品

C. 建立劳动防护用品管理制度

D. 特种劳动防护用品使用前应由质量部门检查验收

答案：D

126. 根据国家经贸委颁布的《劳动防护用品配备标准(试行)2000》，应到定点经营单位或生产企业购买特种劳动防护用品，注意核查生产许可证、产品合格证和(　　)。

A. 安全鉴定证　　B. 检验合格证　　C. 使用许可证　　D. 质量合格证

答案：A

127. 事故应急预案分为综合预案、现场预案和专项预案三个层次，井喷压井方案属于(　　)层次。

A. 综合预案　　B. 现场预案　　C. 专项预案　　D. 以上都不是

答案：B

128. 做好本单位职工的职业健康监护工作是用人单位的责任，下列不属于职业健康监护工作内容的是(　　)。

A. 职业健康状况分析　　B. 职业病的诊疗、康复

C. 职业健康检查　　D. 建立职业健康档案

答案：B

129. 按照《企业职工伤亡事故调查分析规则》，下列属于事故直接原因的是(　　)。

A. 违反作业规程　　B. 擅自更改施工方案

C. 对事故隐患整改不彻底　　D. 作业标准过时

答案：A

二、多选题

1. 夏季"四防"包括(　　)。

A. 防暑防温　　B. 防汛　　C. 防雷电　　D. 防倒塌

答案：ABCD

2.《中华人民共和国安全生产法》规定的生产经营单位主要负责人的法定职责有(　　)。

A. 建立、健全本单位安全生产责任制

B. 组织制定本单位安全生产规章制度和操作规程

C. 保证本单位安全生产投入的有效实施

D. 督促、检查本单位的安全生产工作

E. 制订并实施本单位的生产安全事故应急预案

答案：ABCD

3.《中华人民共和国安全生产法》规定，生产经营单位对重大危险源应急管理方面应承担的管理职责有(　　)。

A. 进行重大危险源的报备

B. 制定重大危险源事故应急救援预案

C. 告知从业人员和相关人员在紧急情况下应采取的措施

D. 定期针对重大危险源组织应急演练

答案：ABCD

4. 防止间接接触电击的方法有(　　)。

A. 保护接地　　B. 工作接地　　C. 重复接地

D. 保护接零　　E. 速断保护

答案：ABCDE

5. 根据《中华人民共和国刑法》的规定，具有(　　)行为的可以以共同犯罪论处。

A. 现场值班员未向项目负责人报告事故

B. 救援小组人员因吃饭晚到达事故现场 2h

C. 事故发生班组人员直接向上级安全监督管理部门报告

D. 事故发生单位于 2h 后才向安全生产监督管理部门报告事故

E. 事故发生单位未报告事故伤亡人数

答案：AB

6. 建筑物内的安全出口包括疏散楼梯和直通室外的疏散门。下列关于安全出口设置的要求，正确的有(　　)。

A. 门应向疏散方向开启

B. 供人员疏散的门可以采用悬吊门、倒挂门或旋转门

C. 当门开启后，门扇不应影响疏散走道和平台的宽度

D. 建筑物内的安全出口应分散在不同方向，且相互间的距离不应小于 5m

E. 汽车库中的人员疏散出口与车辆疏散出口应分开设置

答案：ACDE

7. 起重机械重物失落事故是指起重作业中，吊载、吊具等重物从空中坠落所造成的人身伤亡和设备毁坏的事故。下列事故中，属于起重机械重物失落事故的有(　　)。

A. 维修工具坠落事故　　B. 脱绳事故　　C. 脱钩事故

D. 断绳事故　　E. 吊钩断裂事故

答案：BCDE

8. 燃烧的形成必须同时具备的基本条件是(　　)。

A. 有可燃物质　　B. 有燃烧物质

C. 有助燃物质　　D. 有能导致燃烧的能源

答案：ACD

三、简答题

1. 简述处理事故的“四不放过”原则。

答：事故原因未查清不放过，事故责任人未受到处理不放过，责任人和群众没有受到教育不放过，整改措施未落实不放过。

2. 简述“有限空间安全作业五条规定”的内容。

答：(1)必须严格实行作业审批制度，严禁擅自进入有限空间作业。

(2)必须做到“先通风、再检测、后作业”，严禁在通风、检测不合格的情况下作业。

(3)必须配备个人防中毒、防窒息等防护装备，设置安全警示标志，严禁在无防护、监护措施的情况下作业。

(4)必须对作业人员进行安全培训，严禁在教育培训不合格的情况下上岗作业。

(5)必须制定应急措施，在现场配备应急装备，严禁盲目施救。

第二节　理论知识

一、单选题

1.(　　)是用于关闭和开放泄(放)水通道的控制设施，是水工建筑物的重要组成部分，一般应用于供排水泵站的进水口，具备手动、电动控制启闭的功能。

A. 格栅　　B. 闸门　　C. 声波流量计　　D. 分水井

答案：B

2. 闸门主要由主体(　　)三部分组成。

A. 活动部分、启闭设备、埋固部分　　B. 传动部分、挡堰设施、埋固部分

C. 活动组件、驱动设备、固定组件　　D. 活动部分、驱动设备、埋固部分

答案：A

3. 阀门是流体输送系统中的控制部件，具有(　　)、调节、导流、防止逆流、稳压、分流或溢流泄压等功能。

A. 截流　　B. 增压　　C. 减压　　D. 提升

答案：A

4. 闸阀类设备按作用和使用场景的不同，可分为(　　)。

A. 进水闸门、管路阀门、退水阀门　　B. 止回阀、进水闸门、退水阀门

C. 鸭嘴阀、止回阀、启闭闸　　D. 闸板阀、截流阀、止回阀

答案：A

5. 下列关于拍门定期维修的说法错误的是(　　)。

A. 转动销每年检查或更换1次　　B. 阀板密封圈每2年调换1次

C. 钢质拍门每3年做1次防腐蚀处理　　D. 浮箱拍门箱体无泄漏

答案：B

6. 水泵电动机累计运行达到(　　)应维修1次；不经常运行的水泵电动机，每3年应维修1次。

A. 6500～8000h　　B. 5500～7500h　　C. 5000～6000h　　D. 6000～8000h

答案：D

7. 离心泵开车前，应检查轴承中的润滑油或润滑脂是否纯净，不纯净应更换。润滑脂的加入量以轴承室体积的(　　)为宜，润滑油应在油标规定的范围内。

A. 1/3　　B. 1/2　　C. 2/3　　D. 3/5

答案：C

8. 离心泵应在关闭闸阀后启动，启动后闸阀关闭时间不宜过久，一般不超过(　　)，以免水在泵内循环发热，损坏机件。

A. 1～2min　　B. 2～3min　　C. 3～5min　　D. 5～6min

答案：C

9. 下列关于离心泵运行中的注意事项说法错误的是(　　)。

A. 检查各种仪表工作是否正常，如电流表、电压表、真空表、压力表等。如发现读数过大、过小或数值剧烈跳动，都应及时查明原因，予以排除。如真空表读数突然上升，可能是进水管漏气、吸入空气或转速降低；若压力表读数突然下降，可能是进水口堵塞或进水池水面下降使吸程增加

B. 水泵运行时，填料的松紧度应该适当。压盖过紧，填料箱渗水太少，起不到水封、润滑、冷却作用，容易引起填料发热、变硬，加快泵轴和轴套的磨损，加剧水泵的机械损失

C. 注意油环，要让它自由地随泵轴做不同步的转动。随时听机组声响是否正常

D. 轴承温升一般不应超过40℃，表面最高温度不得超过70℃

答案：A

10. 轴流泵启动后不出水或出水量不足的原因可能是(　　)。

A. 叶轮淹没深度不够，或卧式泵吸程太高　　B. 扬程过高

C. 叶片安装角太小　　D. 电机温度过高

答案：D

11. 下列关于轴流泵动力机超载的原因及解决方法错误的是(　　)。

A. 转速过高，应降低转速　　B. 叶片安装角度过大，应减小安装角度

C. 填料过紧，应旋松填料压盖或重新安装　　D. 电机温度过高，应及时通风降温

答案：D

12. 水泵振动或有异常声音的原因是(　　)。

A. 轴弯曲　　B. 叶片安装角度不一致

C. 进水池太小　　D. 叶轮淹没深度较大

答案：D

13. 影响潜水泵正常运行的主要因素是(　　)。

A. 漏电问题　　B. 堵转　　C. 电缆线破损　　D. 叶轮淹没深度不够

答案：D

14. 粉碎式机械格栅日常维护项目有(　　)。

A. 检查刀片磨损情况，严重磨损会导致运行不平衡

B. 检查钢丝绳、转毂、滑轮轴承，定期加注润滑脂，确保钢丝绳无乱股现象

C. 检查减速机齿轮油油量及油质是否正常，每运行500h或半年更换齿轮油

D. 检查配电系统是否正常，控制面板调节开关等各项功能是否正常

答案：A

15. 泵站通常由(　　)等组成。

A. 泵房　　B. 集水池　　C. 水泵　　D. 泵房、集水池、水泵

答案：D

16. 当电路发生严重故障时，首先应(　　)。

A. 切断电源　　B. 向领导汇报　　C. 继续使用　　D. 找修理工

答案：A

17. (　　)是目前所有故障诊断技术中应用最广泛也是最成功的诊断方法。

A. 振动诊断　　B. 温度诊断　　C. 声学诊断　　D. 光学诊断

答案：A

18. 当泵的轴线高于水池液面时，为防止发生气蚀现象，所允许的泵轴线距吸水池液面的垂直高度为(　　)。

A. 扬程　　B. 动压头　　C. 静压头　　D. 允许吸上真空高度

答案：D

19. 清水池的作用之一在于调节泵站供水量和用水量之间的(　　)差额。

A. 流速　　B. 流量　　C. 扬程　　D. 水质

答案：B

20. 变频器在故障跳闸后，使其恢复正常状态应按(　　)键。

A. MOD　　B. PRG　　C. RESET　　D. RUN

答案：C

21. 给水系统通常由(　　)等构筑物组成。

A. 取水、净水、过滤、贮水　　B. 取水、净水、储贮、输水

C. 取水、混凝、反应、过滤　　D. 取水、澄清、过滤、输水

答案：B

22. 无论气体检测合格与否，对有限空间作业场所进行(　　)都是必须做到的。

A. 安全隔离　　B. 封堵　　C. 清洗置换　　D. 通风换气

答案：D

23. 进入有限空间作业前，作业单位必须编制作业方案并对(　　)进行交底。

A. 监护人员　　B. 负责人　　C. 所有参与作业人员　　D. 现场人员

答案：C

24. 联轴器和离合器的主要作用是(　　)。

A. 连接两轴一同旋转并传递转矩　　B. 补偿两轴的相对位移

C. 防止机器发生过载　　D. 缓和冲击，减少振动

答案：A

25. 下列不是泵站常用的断流装置的是(　　)。

A. 拍门　　B. 快速闸门　　C. 蝴蝶阀　　D. 真空破坏阀

答案：C

26. 液体润滑剂不包括(　　)。

A. 矿物油　　B. 羟基酯　　C. 水基液　　D. 动植物油

答案：B

27. 把两根轴连接在一起，在动态中不能接合与分离且不能传递运动与动力的部件是(　　)。

A. 联轴器　　B. 离合器　　C. 制动器　　D. 螺旋

答案：A

28. 竣工图是在(　　)绘制的图。

A. 施工阶段　　B. 规划阶段　　C. 竣工阶段　　D. 初设阶段

答案：C

29. (　　)表示机器、部件规格或性能的尺寸，是设计和选用部件的主要依据。

A. 装配尺寸　　B. 安装尺寸　　C. 外形尺寸　　D. 规格(性能)尺寸

答案：D

30. 电路图主要表示某一(　　)或装置的电气工作原理。

A. 元器件　　B. 系统　　C. 设备　　D. 电动机

答案：B

31. 同步电动机的文字符号是(　　)。

A. MD　　B. MS　　C. MV　　D. MM

答案：B

32. 电力系统中的电气设备按作用不同，可分为(　　)和二次设备。

A. 直流设备　　B. 交流设备　　C. 控制、保护设备　　D. 一次设备

答案：D

33. (　　)主要用于铸泵壳。

A. 灰铸铁　　B. 球墨铸铁　　C. 铸造碳钢　　D. 碳素结构钢

答案：B

34. 电路通常由电源、(　　)、导线和控制设备四部分组成。

A. 保护　　B. 负载　　C. 信号　　D. 测量

答案：B

35. 电功率的单位是(　　)。

A. J　B. W　C. °　D. kW · h

答案：B

36. 额定值为220V、40W的电灯泡，其电阻为(　　)。

A. 5.5Ω　B. 55Ω　C. 121Ω　D. 1210Ω

答案：D

37. 下列关于 SF_6 气体特点中，描述错误的是(　　)。

A. 无色　B. 无臭、无毒　C. 不易燃烧　D. 不受水分影响

答案：D

38. 高压断路器在正常运行时可以接通或开断电路的(　　)。

A. 空载电流　B. 负荷电流　C. 短路电流　D. 空载电流和负荷电流

答案：D

39. 下列不属于泵站电量参数的是(　　)。

A. 电流、电压　B. 功率、功率因数　C. 水位、水质　D. 频率、电度

答案：C

40. 泵是一种抽送(　　)的机械。

A. 水　B. 液体　C. 能量液体　D. 能量

答案：C

41. 型号为400HW-5的水泵是(　　)。

A. 立式轴流泵　B. 混流泵　C. 单级单吸离心泵　D. 单级多吸离心泵

答案：B

42. 泵轴是用来(　　)的。

A. 带动叶轮　B. 支承叶轮　C. 支承和带动叶轮　D. 固定叶轮

答案：C

43. 根据部颁标准，主水泵大修周期为(　　)。

A. 1～3年　B. 2～4年　C. 3～5年　D. 4～6年

答案：C

44. (　　)是管理、使用和维修保养设备的一项基础性工作。

A. 定期检查　B. 试验检查　C. 日常检查　D. 设备检查

答案：D

45. 供排水量单位是(　　)。

A. m^2　B. m^3/s　C. m^3　D. t

答案：C

46. 混流泵是利用叶轮在水中旋转产生的(　　)而提升水的。

A. 离心力　B. 推力　C. 离心力和推力　D. 轴向力和径向力

答案：B

47. 兆欧表主要用来检查电气设备或电气线路(　　)的绝缘电阻。

A. 对地　B. 相间　C. 相与地之间　D. 对地及相间

答案：D

48. 设备停运后，要对设备进行检查，下列描述错误的是(　　)。

A. 要检查各相关设备连接是否牢靠

B. 要检查设备各接地部位是否可靠，接地装置是否松脱

C. 要对照一次接线图检查接线是否正确

D. 要检查二次设备端子接线有无松动

答案：C

49. 维护的原则是："经常维护，(　　)，养重于修，修重于抢"。

A. 随时维修　B. 经常维修　C. 突击维修　D. 应急抢修

答案：A

50. 如果不及时清除被拦污栅拦截的污物，可能造成的危害之一是(　　)。

A. 减少运行时间　B. 降低机组扬程　C. 损坏工作闸门　D. 加剧机组振动

答案：D

51. 泵站常用的清污机械主要形式为回转式、抓斗式、(　　)。

A. 固定栅条式　B. 耙斗式　C. 活动栅条式　D. 移动式

答案：B

52. 水泵并联工作的目的是提高泵的(　　)。

A. 扬程　B. 转速　C. 流量　D. 能量

答案：C

53. 水泵出水量的大小与转速(　　)。

A. 相等　B. 成正比　C. 平方成正比　D. 立方成正比

答案：B

54. 大泵机组的局部性检修是(　　)的一种。

A. 大修　B. 中修　C. 日常维护　D. 定期检查

答案：D

55. 水泵铭牌上标出的效率是指通过额定流量时的效率，它是水泵的(　　)效率。

A. 最高　B. 额定　C. 可能达到的最高　D. 最低

答案：C

56. 转速就是水泵轴(　　)的转数。

A. 每秒　B. 每分钟　C. 每小时　D. 每天

答案：B

57. (　　)是水流在进入水泵前用来防止水汽化所剩余的一部分能量。

A. 气蚀余量　B. 最大气蚀余量　C. 最小气蚀余量　D. 有效气蚀余量

答案：D

58. 泵是一种能够进行(　　)的机器。

A. 能量转换　B. 位置转换　C. 能量和位置转换　D. 方向转换

答案：A

59. 出厂的每台水泵，其铭牌上的参数值是由性能曲线提供的，它是性能曲线上(　　)最高点相对应的参数值。

A. 扬程　B. 流量　C. 效率　D. 功率

答案：C

60. 如果合闸命令和分闸命令同时作用于断路器的控制回路，则最后结果断路器是(　　)的。

A. 分闸　B. 合闸　C. 拒动　D. 跳跃

答案：A

61. 泵站发生电气火灾时，首先应(　　)。

A. 用灭火器进行灭火　B. 切断电源　C. 尽快撤离现场　D. 向上级部门报告

答案：B

62. 试运行前的准备工作不包括(　　)。

A. 成立试运行组织　B. 拟定试运行程序和注意事项

C. 组织学习操作规程和安全知识　D. 整理试运行技术资料并建档保存

答案：D

63. 重现期是(　　)的倒数。

A. 降雨频率　B. 降雨强度　C. 降雨历时　D. 降雨量

答案：A

64. 水泵拆、装前，泵室硫化氢浓度不得大于(　　)。

A. 5ppm　B. 10ppm　C. 12ppm　D. 20ppm

答案：B

65. 变压器停电清扫属于设备的定期检查，一般应(　　)。

A. 每月 2 次　B. 每季 2 次　C. 半年 2 次　D. 1 年 2 次

答案：D

66. 雨水泵站往往要求流量大，而扬程较低，故一般都选用立式(　　)水泵。

A. 离心式或轴流式　B. 轴流式或混流式

C. 离心式或混流式　D. 轴流式或螺旋式

答案：B

67. 从泵的吸入口到叶轮中心处的压力降称为(　　)。

A. 汽化压力　B. 气蚀余量　C. 气蚀　D. 压力能

答案：D

68. 供、排水泵应采用(　　)方式启动。

A. 关阀　B. 开阀　C. 以上两者都行　D. 以上两者都不行

答案：A

69. 下列不属于变压器启动前检查的必要条件的是(　　)。

A. 外壳干净、整洁

B. 电缆和母线无异常情况，外壳接地良好

C. 压力释放器或安全气道及防爆管的隔膜应完整

D. 变压器铭牌上的电压、电流符合要求

答案：A

70. 下列不属于机械设备的是(　　)。

A. 潜水泵　B. 起重机　C. 电缆　D. 通风机

答案：C

71. 通常在排供水泵出水侧的压力管路上安装(　　)，在供水泵进水侧安装(　　)来监测压力。

A. 压力表，压力真空表　B. 压力表，压力表

C. 压力真空表，压力表　D. 压力真空表，压力真空表

答案：A

72. 用螺栓连接的基本要领是拧紧螺母，使弹簧垫圈(　　)。

A. 受力越大越好　B. 刚刚受力　C. 受力压平　D. 受力就行

答案：C

73. 泵站选用的高压开关柜是按一定的接地方式连接起来成套组成的配电装置，大都采用室内装置，其优点不包括(　　)。

A. 允许安全净距小，可以分层布置，占地面积小

B. 与室外配电装置比，土建投资及设备投资相对较大

C. 布置在室内方便操作、巡视、维护且不受气候因素影响

D. 最大限度减少外界污秽空气及灰尘对设备的影响，减轻维护工作量

答案：B

74. 下列关于互感器精确度标准等级划分正确的是(　　)。

A. 0.1、0.2、0.5、1、5　B. 0.1、0.2、0.5、1、3

C. 0.1、0.2、1、3、5　D. 0.1、0.5、1、3、5

答案：B

75. 微机保护装置是一种用于(　　)一体化的保护装置。

A. 测量、控制、保护、信号　B. 测量、保护、信号、通讯

C. 测量、控制、保护、通讯　D. 控制、保护、信号、通讯

答案：C

76. 下列不属于泵站常用的独立直流电源的是(　　)。

A. 硅整流电容储能直流电源

B. 锂电池直流电源

C. 铅酸蓄电池直流电源

D. 镉镍蓄电池直流电源及全封闭免维护(阀式)蓄电池直流电源。

答案：B

77. 下列隔离开关运行中的注意事项不正确的是(　　)。

A. 如果误合隔离开关时有电弧产生，此时应合到位，严禁中途分开

B. 分闸时，若动静触头分离时产生电弧，应迅速合上，待查明原因后再操作

C. 严禁用隔离开关来拉、合负荷电流和故障电流

D. 送电时，应先合断路器，再合隔离开关

答案：D

78. 钢丝绳在卷筒上的固定，目前采用的方法有(　　)、长板条固定、楔子固定等3种。

A. 绳套固定　　B. 螺栓固定　　C. 压板固定　　D. 抱箍固定

答案：C

79. 被拦污栅拦截的污物如果不及时清除，则会大幅度地增加(　　)和轴功率，延长运行时间，增加运行费用，加剧水泵气蚀和机组振动。

A. 水泵扬程　　B. 水泵流量　　C. 效率　　D. 转速

答案：A

80. 启闭机区别于其他起重机械的最大特点是(　　)。

A. 具有高度可靠性　　B. 工作荷载变化大　　C. 运行频率低　　D. 便于维修

答案：A

81. 下列属于启闭机电动机检查主要内容的是(　　)。

A. 有无噪声　　B. 有无锈蚀　　C. 绝缘是否符合要求　　D. 有无渗油

答案：C

82. 起重螺杆除轴向力外，由于螺纹传动时的摩擦阻力，起重螺杆同时要承受扭矩，扭矩大小与(　　)有关。

A. 螺纹间的滑动摩擦系数　　B. 电动机功率

C. 启闭速度　　D. 启闭行程

答案：A

83. 对启闭机电气系统检查，主要检查电源(包括备用电源)或动力有无故障，机电安全保护设施、(　　)是否完好。

A. 开关柜　　B. 仪表　　C. 电缆　　D. 操作箱

答案：B

84. 泵站运行时必须及时清除污物，通常采用的清污方法有：人工清污、提栅清污和(　　)。

A. 抓斗清污　　B. 吊篮清污　　C. 水面浮吊清污　　D. 机械清污

答案：D

85. 钢丝绳润滑常用的润滑油脂是38号汽缸油、(　　)和工业凡士林。

A. 柴油　　B. 齿轮油　　C. 汽轮机油　　D. 钢绳脂

答案：D

86. 钢铁的腐蚀除本身材质的影响外，钢铁表面防腐涂层状况以及(　　)因素等，对钢铁的腐蚀影响也很大。

A. 空气质量　　B. 水体质量　　C. 使用条件　　D. 外界环境

答案：D

87. 北京地区的汛期是指每年(　　)。根据汛期与非汛期不同运行要求，雨水泵站运行标准也各不相同。

A. 3月至9月　　B. 7月下旬至8月上旬　　C. 5月至9月　　D. 1月至12月

答案：C

88. 汛期泵站应安排值班人员(　　)值守，做好设备、设施维修保养工作，对设备、设施坚持每天巡视、

每周点检，发现故障及时维修，遇到降雨天气按照泵站应急预案运行。

A. 8h　　B. 10h　　C. 12h　　D. 24h

答案：D

89. 遇到各类突发事件，值班人员要(　　)上报，说明事件缘由和现场目前状况。不得出现迟报、缓报、瞒报、漏报现象。

A. 拖后　　B. 及时　　C. 不　　D. 事件处理完成后

答案：B

90. 机械格栅的链条、耙齿上的脏物应及时清理，不得因(　　)而卡住机耙，造成设备损坏。

A. 链条故障　　B. 清理不及时　　C. 停电　　D. 负荷高

答案：B

91. 水泵运转时，填料函应有水陆续滴出。一般以每分钟滴(　　)左右为宜，填料槽应清洁、无污物、排水通畅。

A. 5 滴　　B. 15 滴　　C. 60 滴　　D. 120 滴

答案：B

92. 电气设备的变频器、软启动器应能正常启动，各类指示灯、仪表显示正常，(　　)、无异味。

A. 无异响　　B. 有异响　　C. 有闪烁　　D. 无闪烁

答案：A

93. 泵站非汛期每隔 15 日对所有泵站各类设备进行 1 次点检试运行，填写(　　)。

A. 值班日志　　B. 抽升记录　　C. 保修记录　　D. 泵站设备点检记录

答案：D

94. 泵站巡检工作须执行“五规定”，即“(　　)、规定线路、规定内容、规定标准、规定事件处理流程”。

A. 规定时间　　B. 规定人员　　C. 规定泵站　　D. 规定车辆

答案：A

95. 泵站内的照明系统应每天巡视检查 1 次。发现损坏的灯具或开关应及时报修更换。更换灯具或检修照明线路登高高度在(　　)以上时，按照高空作业要求必须有人监护。

A. 1.5m　　B. 2m　　C. 2.5m　　D. 3m

答案：C

96. 机械是(　　)和机构的总称。

A. 电控设备　　B. 电动机　　C. 机器　　D. 程序

答案：C

97. 按叶轮旋转时对液体产生的力的不同，叶片式泵可分为(　　)三种。

A. 立式、斜式、卧式　　B. 离心泵、轴流泵、混流泵

C. 离心泵、容积泵、转子泵　　D. 旋涡泵、轴流泵、容积泵

答案：B

98. 轴封的严密性，可用(　　)的方法来调节。

A. 松紧压盖　　B. 增加或减少填料　　C. 加水　　D. 压紧或放松填料压盖

答案：D

99. 水泵在额定流量下运行时，(　　)。

A. 效率最高　　B. 效率最低　　C. 转速最高　　D. 扬程最高

答案：A

100. 水流从水泵得到的净功率，称为(　　)功率。

A. 输入　　B. 输出　　C. 有效　　D. 配套

答案：C

101. 大型泵站直管式或屈膝式出水流道多采用(　　)断流。

A. 拍门　　B. 真空破坏阀　　C. 快速跌落闸门　　D. 电动阀门

答案：A

102. 吊装前应对起重工具如钢丝绳进行严格检查，发现有(　　)现象应立即更换。

A. 散股　　B. 断丝　　C. 锈蚀严重　　D. 直径不够

答案：C

103. 泵站用油除润滑油外，还有(　　)。

A. 机械油　　B. 黄油　　C. 绝缘油　　D. 齿轮油

答案：C

104. (　　)是进水建筑物正常运用的闸门，要求其结构牢固、挡水严密、启闭灵活、运行可靠。

A. 工作闸门　　B. 检修闸门　　C. 事故闸门　　D. 快速闸门

答案：A

105. (　　)要求能在动水中关闭，有时甚至是在动水中快速关闭以切断水流，防止事故扩大，待事故处理后再开放孔口。

A. 工作闸门　　B. 检修闸门　　C. 事故闸门　　D. 平面闸门

答案：C

106. 水泵选配电机的配套功率，一般取(　　)轴功率。

A. 1～2 倍　　B. 1.5～1.8 倍　　C. 1.1～1.2 倍　　D. 1.1～1.3 倍

答案：D

107. 联轴器用于轴与轴之间的连接，使它们一起回转并传递扭矩。联轴器大多已经(　　)或系列化，在机械工程中应用广泛。

A. 标准化　　B. 流程化　　C. 规范化　　D. 电气化

答案：A

108. 常见的润滑剂为液体润滑剂、(　　)、固体润滑剂、气体润滑剂。

A. 天然润滑剂　　B. 无机润滑剂　　C. 润滑油脂　　D. 有机润滑剂

答案：C

109. 泵站大容量机组常用的透平油有 22 号、30 号、(　　)3 种。

A. 35 号　　B. 40 号　　C. 45 号　　D. 50 号

答案：C

110. 下列不适于扑灭电气火灾的是(　　)。

A. 二氧化碳灭火器　　B. 干粉灭火器　　C. 泡沫灭火器　　D. 沙土

答案：C

111. 安全帽的报废判别条件和保质期限按制造商产品说明执行，保质期限按(　　)计算。

A. 出厂日期　　B. 购买日期　　C. 检查、验收合格之日　　D. 使用日期

答案：A

112. 灭火器的使用单位应定期对灭火器进行维护保养和维修检查，每(　　)组织或委托维修单位对现场所有灭火器进行 1 次功能性检查。

A. 3 个月　　B. 6 个月　　C. 9 个月　　D. 12 个月

答案：D

113. 凡进入有限空间进行施工、检修、清理作业的，生产经营单位应实施作业(　　)。

A. 备案　　B. 审批　　C. 记录　　D. 请示

答案：B

114. 心肺复苏通常采用(　　)。

A. 人工呼吸和开放气道　　B. 开放气道和胸外按压

C. 胸外按压和人工呼吸　　D. 人工呼吸

答案：C

115. 现场急救时，必须将伤者转移到(　　)后才能进行现场急救，以保障伤者和急救人员在救援过程中的安全。

A. 安全、空气新鲜处　　B. 安全、舒适的地方　　C. 驻地　　D. 以上均可

答案：A

116. 化粪池、污水井容易发生(　　)中毒事故。

A. 硫化氢　　B. 一氧化碳　　C. 苯　　D. 甲苯

答案：A

117. 高处作业是指在坠落高度基准面(　　)以上(含)位置有可能坠落的作业。

A. 2m　　B. 3m　　C. 4m　　D. 5m

答案：A

118. 电气工作人员连续中断电气工作(　　)以上者，必须重新学习有关规程，经考试合格后方能恢复工作。

A. 3 个月　　B. 6 个月　　C. 1 年　　D. 2 年

答案：C

119. 低压配电系统的 N 线应当为(　　)。

A. 粉色　　B. 淡蓝色　　C. 黑色　　D. 白色

答案：B

120. 市售手持电动工具绝大多数都是(　　)。

A. 0I 类设备　　B. Ⅰ类设备　　C. Ⅱ类设备　　D. Ⅲ类设备

答案：C

121. 使用电焊机时，焊接用电缆(俗称焊把线)应采用(　　)。

A. 多股裸铜线　　B. 橡皮绝缘铜芯软电缆

C. 编织裸铜线　　D. 多股裸铝线

答案：B

122. 临时用电设备的控制电器和保护电器必须实现(　　)的安装方式。

A. 一机一闸　　B. 二机一闸　　C. 三机一闸　　D. 四机一闸

答案：A

123. "禁止合闸，有人工作!"标示牌的颜色应是(　　)。

A. 白底黑字　　B. 白底红字　　C. 红底白字　　D. 黑底白字

答案：B

124. 低压带电作业人员必须经过专门培训，并应设专人监护，至少应由(　　)进行监护。

A. 1 人　　B. 2 人　　C. 3 人　　D. 4 人

答案：B

125. 灭火的基本方法是(　　)。

A. 冷却、窒息、抑制　　B. 冷却、隔离、抑制

C. 冷却、窒息、隔离　　D. 冷却、窒息、隔离、抑制

答案：D

126. 机械在运转状态下，操作人员(　　)。

A. 可对机械进行加油、清扫　　B. 可与旁人聊天

C. 严禁拆除安全装置　　D. 可在生病状态下操作

答案：C

127. 安全帽应保证人的头部和帽体内顶部的空间至少有(　　)才能使用。

A. 20mm　　B. 25mm　　C. 32mm　　D. 34mm

答案：C

128. 清除电焊熔渣或多余的金属时，应(　　)才能减少危险。

A. 让清除的方向靠向身体　　B. 佩戴眼罩和手套等个人防护器具

C. 开风扇，加强空气流通，减少吸入金属雾气　　D. 以上均可以

答案：B

129. 根据水泵的工作原理，可以将水泵分为(　　)、容积泵和其他类型泵三大类。

A. 轴流泵　　B. 混流泵　　C. 叶片泵　　D. 射流泵

答案：C

130. 叶片泵中(　　)适用的流量扬程范围最广。

A. 离心泵　B. 轴流泵　C. 其他类型泵　D. 射流泵

答案：A

131. 离心泵的叶轮按盖板形式可分为开式叶轮、半开式叶轮和(　　)。

A. 闭式叶轮　B. 分段式叶轮　C. 中开式叶轮　D. 可调式叶轮

答案：A

132. 型号为 IS200-150-250B 的水泵，其中“150”代表的是(　　)。

A. 扬程　B. 泵的进口直径　C. 泵的出口直径　D. 泵的比转速

答案：C

133. 离心泵启动后压力很小，同时电流也很小，可能是因为(　　)。

A. 填料太紧　B. 水泵里有空气　C. 电机故障　D. 阀板不转

答案：B

134. 下列用来对水泵和电子对中仪进行精密调节的工具是(　　)。

A. 钢片尺　B. 水平仪　C. 百分表　D. 经纬仪

答案：C

135. 下列会造成水泵产生杂声和振动的故障是(　　)。

A. 液体含泥量大　B. 水泵地脚螺栓松动　C. 转速过低　D. 阀门开度不足

答案：B

136. 离心泵流量增大时，其(　　)。

A. 扬程增加　B. 电压变大　C. 轴功率不变　D. 电机的电流增大

答案：D

137. 电力电容器中的电磁脱扣承担(　　)保护作用。

A. 过载　B. 过流　C. 失电压　D. 欠电压

答案：B

138. 水泵性能参数中的比转速是(　　)。

A. 反映水泵性能的综合性参数　B. 反映水泵转速的参数

C. 反映水泵流量变化的参数　D. 以上都不是

答案：A

139. 水泵允许吸上真空度是(　　)。

A. 指泵入口处的最大吸上真空度数值　B. 泵的总扬程减去泵的出水压力

C. 泵吸水管口的真空表读数　D. 以上都不是

答案：A

140. 水泵是输送和提升液体的一种水力机械，它将原动机的(　　)传递给所输送的液体。

A. 势能　B. 动能　C. 机械能　D. 热能

答案：C

141. 离心泵的能量损失通常有三种，分别为水力损失、机械损失和(　　)。

A. 管道损失　B. 摩擦损失　C. 管路损失　D. 容积损失

答案：D

142. 水泵调速后，水泵的扬程、流量、轴功率和效率均发生一定的变化。下列说法正确的是(　　)。

A. 水泵的流量与转速成正比关系　B. 水泵的扬程与转速平方成反比关系

C. 水泵的轴功率与转速立方成反比关系　D. 水泵的效率与转速成反比关系

答案：A

143. 电动机铭牌上的工作制(或定额)标识为“S1”，这表示该电动机是(　　)制式的电动机。

A. 短时工作　B. 断续周期工作　C. 连续工作　D. 一般工作

答案：C

144. 如果水泵内叶轮中心部位绝对真空，水面的大气压为一个标准大气压，那么这时离心泵的吸程最大可达(　　)。

A. 7m　　B. 8m　　C. 10m　　D. 10. 33m

答案：D

145. 下列电气元件中，起到欠压(或失压)保护的是(　　)。

A. 空气开关　　B. 热继电器　　C. 熔断器　　D. 接触器

答案：D

146. 水泵的主要性能参数是(　　)。

A. 压力、轴功率、比转数　　B. 扬程、流量、效率

C. 流量、效率、功率　　D. 流量、扬程、转速、轴功率

答案：D

147. 使用(　　)措施不能减少气蚀现象发生。

A. 降低水泵的安装高度　　B. 减小吸水管路的阻力

C. 减小流量　　D. 减小出水管路的阻力

答案：D

148. 水泵电机运行的电流一般不超过(　　)。

A. 额定电流　　B. 额定电流的10%　　C. 额定电流的15%　　D. 额定电流的20%

答案：A

149. 从对离心泵特性曲线的理论分析中，可以看出，每一台水泵都有它固定的特性曲线，这种曲线反映了该水泵本身的(　　)。

A. 潜在工作能力　　B. 基本构造　　C. 基本特点　　D. 基本工作原理

答案：A

150. 泵轴与泵壳之间的轴封装置为(　　)。

A. 压盖填料装置(填料函)　　B. 减漏装置

C. 承磨装置　　D. 润滑装置

答案：A

151. 在大型水泵机组中，由于底阀带来较大水力损失，从而消耗电能，加之底阀容易发生故障，所以一般泵站的水泵通常采用(　　)启动。

A. 真空泵抽真空　　B. 灌水方法　　C. 人工　　D. 快速启动法

答案：A

152. 给水泵房一般应设1～2台备用水泵。备用水泵的型号宜同工作水泵的(　　)型号一致。

A. 常开泵　　B. 新型号泵　　C. 易操作泵　　D. 大泵

答案：A

153. 一般电机功率小于或等于110kW的离心泵启动后，连续闭阀时间不能超过(　　)。

A. 3min　　B. 5min　　C. 10min　　D. 15min

答案：A

154. 接线图用于表示电气装置(　　)之间及其与外部其他装置之间的连接关系。

A. 内部元件　　B. 相互　　C. 按钮　　D. 设备

答案：A

二、多选题

1. 衡量电能质量的重要指标有(　　)。

A. 电压　　B. 功率因数　　C. 波形　　D. 频率

答案：ACD

2. 为减小电压偏差，供配电系统的设计应符合的要求为(　　)。

A. 正确选择变压器的变压比和电压分接头　　B. 降低系统阻抗

C. 采取补偿无功功率措施　　D. 使三相负荷平衡

答案：ABCD

3. 常见的电气平面图有线路平面图、变电所平面图、(　　)、弱电系统平面图、防雷与接地平面图等。

A. 电动机平面布置图　　B. 照明平面图　　C. 变压器平面图

D. 开关平面图　　E. 电力平面图

答案：BE

4. 图样目录包括序号、图样名称、(　　)等。

A. 设备型号　　B. 编号　　C. 规格　　D. 张数

答案：BC

5. 电气工程图中，接线图、(　　)是最主要的图。

A. 设备布置图　　B. 结构图　　C. 电路图

D. 平面图　　E. 电气系统图

答案：CDE

6. 避雷器试验项目应包括(　　)。

A. 绝缘电阻测量　　B. 密封性检查

C. 阀型避雷器电导电流测量及并联元件线性系数计算

D. 工频放电电压测量　　E. 介质损失角正切值测量

答案：ABD

7. 互感器的常规试验项目中应包括(　　)试验。

A. 绝缘测量　　B. 直流电阻测量　　C. 介质损耗角正切值

D. 交流耐压　　E. 三相同期性

答案：ABCD

8. 泵站的操作电源分为(　　)。

A. 直流操作电源　　B. 备用电源　　C. 交流操作电源

D. 照明工作电源　　E. 变频电源

答案：AC

9. 电气火灾产生的可能原因有(　　)。

A. 电气设备或电气、电缆线路过热　　B. 电火花和电弧

C. 静电感应　　D. 照明器具或电热设备使用不当

E. 雷电引起

答案：ABCDE

10. (　　)是基本安全用具。

A. 验电器　　B. 绝缘鞋　　C. 绝缘夹钳

D. 绝缘杆　　E. 绝缘手套

答案：ABCE

11. 下列预防性试验项目中，属于非破坏性试验的项目有(　　)。

A. 绝缘电阻测量　　B. 泄漏电流试验　　C. 介质损耗因数测量

D. 交流串联谐振耐压　　E. 线圈直流电阻测量

答案：ABCE

12. 下列对试验人员的要求描述正确的是(　　)。

A. 必须有良好的素质，具有熟练的试验操作技术

B. 了解泵站一次系统的主接线和相关辅助系统的接线

C. 熟悉被试验设备的名称、规格、基本结构、工作原理和用途

D. 能正确完成试验接线、操作及测量，熟悉外接影响的因素，并加以消除

E. 试验结果和参数应提交上级主管部门计算、分析

答案：ABC

13. ZC-8 型接地电阻测试仪具有的优点有(　　)。
A. 仪器本身自备电源，无须另配电源设备
B. 携带方便，使用方法简单，可以直接从仪表上读数
C. 不能用来测大面积接地网
D. 配套齐全，无须另外制作，简化了测量准备工作
E. 抗干扰能力较好
答案：ABDE
14. 直流电源系统作为独立电源，为泵站的(　　)等负荷提供电源，称为操作电源。
A. 保护　　B. 控制　　C. 信号回路
D. 交流操作回路　　E. 事故照明
答案：ABCE
15. 恶性电气误操作产生的原因是(　　)。
A. 带负荷误拉、合隔离开关　　B. 带电挂(合)接地线(接地刀闸)
C. 带接地合断路器　　D. 带接地合隔离开关
E. 带电作业
答案：ABCD
16. 防止电气误操作的组织措施是(　　)。
A. 操作命令和操作命令复诵制度　　B. 操作监护制度
C. 操作票管理制度　　D. 工作票制度
E. 操作票制度
答案：ABCDE
17. 一项工程的电气工程图由(　　)等几部分组成。
A. 首页　　B. 电气系统图　　C. 电气原理接线图
D. 设备布置图　　E. 平面图
答案：ABCDE
18. 用于电气图的图形符号主要分为(　　)、限定符号以及标记或字符。
A. 一般符号　　B. 特殊符号　　C. 方框符号　　D. 限定符号
答案：AC
19. 钳形电流表按不同的结构原理可分为(　　)。
A. 电磁式　　B. 直流式　　C. 交流式　　D. 磁电式
答案：AD
20. 现代工业自动化的支柱是(　　)。
A. PLC　　B. 机器人　　C. CAD/CAM　　D. 继电控制系统
答案：ABC
21. 建立三相旋转磁场的条件是(　　)。
A. 有三相对称电流　　B. 有三相对称绕组与电流
C. 有三相对称负载　　D. 有三相对称负载与电流
答案：AB
22. 异步电动机电磁制动的形式有(　　)。
A. 机械制动　　B. 反接制动　　C. 能耗制动　　D. 发电制动
答案：BCD
23. 三相异步电动机降压启动常用的方法有(　　)。
A. 定子绕组串电阻降压启动　　B. 转子绕组串电阻降压启动
C. 自耦变压器降压启动　　D. Y－△连接降压启动
答案：ACD
24. 关于万用表的欧姆挡，下列说法不正确的是(　　)。

A. 欧姆挡的刻度尺是均匀的　　B. 任何挡位所用的内电源都是1V
C. 欧姆中心值即该挡总内阻　　D. 指针偏转角越大，读数越准确
答案：ABD
25. 电机修理中常用的浸漆方法有(　　)。
A. 滴漆　　B. 沉浸　　C. 真空压力浸
D. 喷漆　　E. 浇漆
答案：ABCE
26. 对变压器进行短路实验时，可以测定(　　)。
A. 由短路电压与二次侧短路电流之比确定的短路阻抗
B. 短路电压　　C. 额定负载时的铜耗　　D. 变比
答案：ABC
27. 自耦变压器的功率传递主要是(　　)。
A. 电磁感应　　B. 电路直接传导　　C. 铁芯传导　　D. 铜芯传导
答案：AB
28. 直流电动机采用降低电源电压的方法启动，其目的是(　　)。
A. 使启动过程平稳　　B. 减小启动电流　　C. 减小启动转矩　　D. 减少噪声
答案：ABC
29. 交流接触器的(　　)是主要的发热部件。
A. 线圈　　B. 铁芯　　C. 触头　　D. 灭弧罩
答案：AB
30. 下列电器中可以实现短路保护的是(　　)。
A. 熔断器　　B. 热继电器　　C. 空气开关　　D. 过电流继电器
答案：ACD
31. 电气符号包括(　　)等几项内容。
A. 图形符号　　B. 项目代号　　C. 回路标号　　D. 电路代号
答案：ABC
32. 变压器的铁芯采用0.35～0.5mm厚的硅钢片叠压制造，其主要的目的是降低(　　)。
A. 铜耗　　B. 磁滞损耗　　C. 涡流耗损　　D. 以上都对
答案：BC
33. 大型异步电动机不允许直接启动，其原因是(　　)。
A. 机械强度不够　　B. 电机升温过高　　C. 启动过程太快　　D. 对电网冲击太大
答案：BD
34. 在三相异步电动机具有过载保护的自锁控制电路中，都具有(　　)。
A. 短路保护　　B. 过载保护　　C. 欠压、失压保护　　D. 弱磁保护
答案：ABC
35. 在正反转控制线路中，其联锁的方式有(　　)。
A. 接触器联锁　　B. 按钮联锁　　C. 接触器、按钮双重联锁　　D. 行程开关联锁
答案：ABC
36. PLC输入点类型有(　　)。
A. NPN类型　　B. PNP类型　　C. APN类型　　D. NAN类型
答案：AB
37. 负载时直流电机的气隙磁场包括(　　)。
A. 定子绕组电流产生的主磁场　　B. 定子绕组电流产生的漏磁场
C. 电枢绕组电流产生的漏磁场　　D. 电枢绕组电流产生的电枢反应磁场
答案：ABCD
38. 变压器忽然短路时，对漏磁场、绕组受的电磁力，下列描述正确的是(　　)。

A. 漏磁场轴向分量大于径向分量　B. 电磁力轴向分量大于径向分量
C. 轴向电磁力的破坏作用大　D. 径向电磁力的破坏作用大
答案：AC
39. 并励直流电机的损耗包括(　　)。
A. 定子绕组和转子绕组的铜耗　B. 定子铁芯的铁耗
C. 机械损耗和杂散损耗　D. 转子铁芯的铁耗
答案：ACD
40. 当交流电源电压加到变压器的一次绕组后，下列说法正确的有(　　)。
A. 在变压器铁芯中将产生交变磁通
B. 在变压器铁芯中将产生不变磁通
C. 如果变压器的二次侧绕组与外电路负荷连通，就会有电能输出
D. 如果变压器的二次侧绕组与高压绕组连通，不会有电能输出
答案：AC
41. 水泵电动机定期维修中，装配与试车项目应做的有(　　)。
A. 机组轴线的测量与调整　B. 定子、转子间隙的检查
C. 推力瓦的检查与维修　D. 电动机试车时振动的测量
E. 电动机试车时的噪声检查　F. 滑动轴承的维修
答案：ABDE

三、简答题

1. 简述辅助设备巡回检查的顺序与内容。
答：巡回检查的顺序和内容(每班不少于2次)如下：
(1)检查排气压力表、油压表、电压电流表等是否正常。
(2)检查高低压排(进)气阀是否过热和有异响。
(3)检查冷却水管路闸阀组件是否漏水。
(4)检查水温、气温等是否超规定。
(5)检查电机、皮带、碳刷架等是否过热。
(6)检查风包、释压阀、排气管路、排污阀等是否正常。
2. 简述泵房的规章制度。
答：(1)岗位责任制度；(2)交接班制度；(3)设备巡检、保养制度；(4)操作人员培训制度。
3. 简述泵站设施包括哪些。
答：泵站管理用房、机房、高低压配电室、格栅间、调蓄池、围墙、护栏、门窗、上下水系统、消防器材。
4. 简述配变电室应配备的绝缘安全用具。
答：绝缘杆、验电器、携带型短路接地线、绝缘手套、绝缘靴(鞋)等。
5. 简述使用手持电动工具前的外观检查要求。
答：(1)外壳、手柄无裂缝和破损，紧固件齐全有效。
(2)软电缆或软电线完好无损，保护接零(地)正确、牢固，插头完好无损。
(3)开关动作正常、灵活、完好。
(4)电气保护装置和机械保护装置完好。
(5)工具转动部分灵活无障碍，卡头牢固。
6. 简述操作切削机械设备的人员穿戴工作服的安全要求。
答：工作服要做到“三紧”(袖口紧、领口紧、下摆紧)；不允许戴手套、围巾；不允许穿凉鞋、高跟鞋；女工或留长发的工人应戴安全帽。
7. 简述维护消防设施的“三不准”。
答：不准损坏和擅自挪用消防设备、器材；不准埋压和圈占消防水源；不准占用防火间距、堵塞消防通道。
8. 简述压力容器按照设计压力(P)可划分的类型和对应的压力范围。

答：低压，$0.1MPa \leqslant P < 1.6MPa$；中压，$1.6MPa \leqslant P < 10MPa$；高压，$10MPa \leqslant P < 100MPa$；超高压，$P \geqslant 100MPa$。

四、计算题

1. 某负载两端的电压为220V，负载电流为0.45A。求该负载的功率。

解：负载的功率 $P = U \times I = 220 \times 0.45 = 99W$

2. 有一个电阻两端的电压为100V，求通过的电流为2A和4A时，该电阻的阻值。

解：通过电流是2A时，电阻值 $R_1 = U/I_1 = 100/2 = 50\Omega$

通过电流是4A时，电阻值 $R_2 = U/I_2 = 100/4 = 25\Omega$

3. 某泵站有一台28ZLB－70型轴流泵，在实地测量后，得到其流量为3850t/h、扬程为4.6m、轴功率为58.5kW。求这台水泵的效率。

解：水泵的效率 $\eta = N_{效}/N \times 100\% = (1069 \times 4.6)/(102 \times 58.5) \times 100\% \approx 82.45\%$

4. 某交流电的角频率为628rad/s，求相应的周期和频率。

解：频率 $f = \omega/(2 \times \pi) = 628/(2 \times 3.14) = 100Hz$

周期 $T = 1/f = 0.01s$

5. 在设计选用电机电磁脱扣器的瞬时脱扣整定电流时，已知 $I_n = 12.4A$，$I_{st}/I_n = 5.5$，求整定电流的最大值和最小值。

解：由于 $I \geqslant K \times I_{st}$，其中 K 为1～7，故得：

电流最大值 $I_{max} = 7 \times I_{st} = 7 \times 5.5 \times I_n = 7 \times 5.5 \times 12.4 = 477.4A$

电流最小值 $I_{min} = I_{st} = 5.5 \times I_n = 5.5 \times 12.4 = 68.2A$

6. 有一台型号为Y112M－2的异步电动机，其技术参数为：额定功率 $P_N = 4kW$，额定转速 $n_N = 2890r/min$，额定电压 $U_N = 380V$，额定电流 $I_N = 8.2A$，效率 $\eta = 85.5\%$，功率因数 $\cos\varphi = 0.87$。求：①该电动机的额定转矩 T_N；②该电动机的输入功率。

解：①电动机的额定转矩 $T_N = 9550 \times (P_N/n_N) = 9550 \times (4/2890) \approx 13.22N \cdot m$

②电动机的输入功率 $P_1 = 4/\eta = 4/0.855 \approx 4.68kW$

7. 有一个直流含源二端网络，用内阻为50kΩ的电压表测得它两端的电压为100V，用内阻为150kΩ的电压表测得它两端的电压为150V，求这个网络的等效电动势和内阻。

解：$U_{ab} = E_0 \times R_a/(R_o + R_b)$（$E_0$ 为等效电动势，R_0 为内阻，R_u 为电压表内阻）

将两次测得的结果代入上式，得：

$100 = E_0 \times 50/(R_0 + 50)$，$150 = E_0 \times 150/(R_0 + 150)$

则等效电动势 $E_0 = 200V$，内阻 $R_0 = 50k\Omega$

8. 已知水泵流量 $Q = 160L/s$，吸水管直径 $D_1 = 400mm$，管长 $L = 30m$，摩阻系数 $\lambda = 0.028$，压水管水头损失 $h_{f2} = 2m$，局部总水头损失 $h_j = 1m$，净扬程 $H_{st} = 30m$，求水泵扬程。（重力加速度 g 取 $10m/s^2$）

解：吸水管流速 $V = (4 \times Q)/(\pi \times D_1^2) = (4 \times 0.16)/(3.14 \times 0.40^2) \approx 1.27m/s$

吸水管沿程损失 $h_{f1} = \lambda \times (L/D_1) \times (V^2/2g) = 0.028 \times (30/0.4) \times (1.27^2/20) \approx 0.17m$

水泵的扬程 $H = H_{st} + h_{f1} + h_{f2} + h_j = 30 + 0.17 + 2 + 1 = 33.17m$

9. 已知水泵供水系统的设计净扬程 $H_{st} = 13m$，设计流量 $Q = 360L/s$，吸水管路总的阻抗 $S_1 = 7.02s^2/m^5$，压水管道总的阻抗 $S_2 = 17.98s^2/m^5$，求水泵扬程 H。

解：水泵扬程 $H = H_{st} + h_w = H_{st} + (S_1 + S_2) \times Q^2 = 13 + (7.02 + 17.98) \times 0.360^2 = 16.24m$

10. 直流发动机的感应电势 $E_\alpha = 230V$，电枢电流 $I_\alpha = 45A$，转速 $n = 900r/min$，求该电机产生的电磁功率 P 及电磁转矩 T。

解：电磁功率 $P = E \times I = 230 \times 45 = 10350W$

电磁转矩 $T = P/\omega = P/(2 \times \pi \times n/60) = 10350/(2 \times 3.14 \times 900/60) \approx 109.87N \cdot m$

11. 已知一齿轮传动的主动齿轮转速 $n_1 = 960r/min$，齿数 $z_1 = 20$，从动齿轮齿数 $z_2 = 50$。求从动轮转速 n_2 和传动比 i。

解：从动轮转速 $n_2 = n_1 \times 20/50 = 960 \times 0.4 = 384$r/min

传动比 $i = z_2/z_1 = 50/20 = 2.5$

12. 一台50Hz、八极的三相感应电动机，额定转差率 $S_N = 0.04$，求该机的同步转速。当该机运行在700r/min时，求该机转差率。当该机运行在启动时，求该机转差率。

解：同步转速 $n_1 = 60 \times f_1/p = 60 \times 50/4 = 750$ r/min

额定转速 $n_N = (1 - S_N) \times n_1 = (1 - 0.04) \times 750 = 720$r/min

当 $n = 700$r/min 时，转差率 $S = (n_1 - n)/n_1 = (750 - 700)/750 \approx 0.07$

当电动机启动时，$n = 0$，转差率 $S = (n_1 - n)/n_1 = 750/750 = 1$

第三节　操作知识

一、单选题

1. 下列说法错误的是(　　)。

A. 行程调整主要是调整制动器的松闸行程、离合器的离合行程、安全限位开关的限位行程和闸门启闭位置指示行程等

B. 松紧调整主要是指传动皮带、链条等松紧的调整，弹簧弹力大小的调整等

C. 油脂应具有良好的润滑性，尽量减少绳与绳之间，以及绳与卷筒、滑轮之间的摩擦和磨损，存在严重磨损的部位，可以采用极压性好的润滑剂

D. 钢丝绳在卷筒、滑轮和钢丝绳之间经常发生摩擦，并且常在露天下工作，日晒、水分和尘埃对其影响很大，为了延长使用寿命，必须经常检查

答案：D

2. 下列说法错误的是(　　)。

A. 预留缠绕在卷筒上钢丝绳的长度，当吊点在上限时，钢丝绳不得缠绕到卷筒槽外的部分

B. 钢丝绳通常采用绳卡进行连接，绳卡之间的间距不得小于钢丝绳直径的6倍

C. 当钢丝绳的钢丝外层有严重的磨损和锈蚀，在一个节距内直径比原径减少30%及以上时，应予以报废

D. 钢丝绳是卷扬式启闭机最重要的部件，它由直径相等的钢丝绞绕而成，股内相邻各层钢丝的节距相等

答案：D

3. 下列说法正确的是(　　)。

A. 液压启闭机启闭速度快，但油液容易泄漏，工作效率较低，矿物油液易燃，对防火要求高

B. 液压启闭机动力元件是液压油泵，其作用是把机械能转变为液体的动能，产生高压油液，以驱动负荷

C. 液压启闭机执行元件的作用是把液体的压力能转变成为机械能

D. 液压启闭机通过改变液流的流量可以改变执行元件输出力或力矩的大小

答案：C

4. 下列关于高压验电器使用方法描述错误的是(　　)。

A. 高压验电时应戴绝缘手套、穿绝缘鞋

B. 验电器伸缩式绝缘棒长度应拉足，验电时手应握在手柄处，不能超过护环

C. 人体应与验电设备保持足够的安全距离

D. 雨雪天气时可进行室外验电

答案：D

5. 某启闭机的额定起重量为3000kN，采用双联滑轮组，其倍率为6，滑轮组效率为0.80，则钢丝绳的最大拉力为(　　)。

A. 200kN　　B. 312.5kN　　C. 400kN　　D. 625kN

答案：D

6. 螺杆启闭机螺旋机构按其螺纹间摩擦性质不同，可分为(　　)螺旋和滚动摩擦螺旋两类。

A. 滑动摩擦　　B. 转动摩擦　　C. 平面摩擦　　D. 弧面摩擦

答案：A

二、多选题

1. 为防止变压器损坏，巡视检查时应注意(　　)。

A. 观察油标、油位与油色是否正常

B. 变压器套管是否渗油，如渗油应及时处理，防止内部受潮

C. 加强对变压器瓦斯继电器的巡视，轻瓦斯发信号，重瓦斯跳闸

D. 在技术管理上采取有效措施，改善变压器运行条件

E. 变压器的密封装置是否可靠，不得有渗漏，防止水汽进入导致变压器受潮

答案：ABCDE

2. 变压器吸湿器的作用是(　　)。

A. 吸收空气水分　　B. 吸收变压器油中水分

C. 确保储油器内上部空气干燥　　D. 吸收油中杂质

E. 使油再生作用

答案：AC

3. 防止开关设备事故的措施是(　　)。

A. 开关设备的“五防”装置必须可靠和运行正常

B. 严禁使用“五防”装置功能不可靠的开关柜

C. 已投运的设备，“五防”功能不完善的应尽快完善

D. 杜绝在合闸位置推入手车

E. 不断改善和完善开关设备安全的运行环境

答案：ABCD

4. 下列防止开关设备事故的措施中描述正确的是(　　)。

A. 应按规定的周期检修开关设备，尤其加强对绝缘拉杆机构的检查与维修

B. 对不同型号的断路器都应加强绝缘监测，注意预防性试验结果，发现问题及时处理

C. 手车每次推入柜内之前，必须检查开关设备的位置，杜绝在合闸位置推入手车

D. 应按规定的周期检修隔离开关，失修的刀闸必须要报废，防止发生事故

E. 定期对手车开关上的活动部件进行检查

答案：ABC

5. 为防止直流系统故障，应采用的正确措施有(　　)。

A. 加强对蓄电池组的维护与管理，确保蓄电池组能提供可靠的供电电源

B. 严格控制浮充电运行方式和参数，保证蓄电池组的电压

C. 保证充电装置的安全稳定运行，对仅有一台充电装置的，发现问题应及时处理

D. 应定期检查充电装置的稳流精度

E. 熟悉直流系统接线图，防止误操作

答案：ABCDE

6. 为防止直流系统故障，应采用的正确措施有(　　)。

A. 通过绝缘监测装置检测发现直流系统的绝缘电阻下降或接地现象，一旦发现要立即检查处理

B. 停运保护装置电源的供电母线，必须经泵站技术负责人同意

C. 直流系统的各种设备铭牌及参数应清晰

D. 应不定期检查充电装置的稳流精度

E. 直流系统的报警检测信号应引至中控室

答案：ABE

7. 关于电力系统继电保护整定值，下列描述正确的是(　　)。

A. 电气设备继电保护整定值确定后，不得随意修改

B. 微机继电保护定值的变更，应按定值变更通知单执行，并按照规定的日期完成

C. 根据一次系统运行方式的变化，必须要复算或变更运行中保护装置的整定值

D. 重新输入调整电气设备继电保护整定值后，可不进行检验试验

E. 定值通知单应由计算人、审核人签字并加盖“继电保护专用章”方能生效

答案：ABCE

8. 泵站同步电动机单机容量2000kW及以上的继电保护的主要方式有(　　)和轴瓦超温保护等。

A. 纵联差动保护　　B. 低电压保护　　C. 失步、失磁保护

D. 单相接地保护　　E. 过负荷保护

答案：ABCDE

9. 微机继电保护装置检验工作的注意事项不包括(　　)。

A. 应充分利用其自检功能

B. 新安装、全部和部分的检验的重点应放在微机继电保护装置的外部接线和二次回路

C. 保护装置的检验工作宜与被保护的一次设备检修同时进行

D. 一次系统运行方式如发生变化，继电保护定值应重新核算

E. 重新核算的定值必须由专人计算

答案：DE

10. 产生断路器跳合闸回路故障的主要原因是(　　)。

A. 断路器机构传输不灵活　　B. 弹簧机构未储能

C. 合闸电磁铁故障　　D. 断路器辅助常闭接点不能弹开

E. 蓄电池能量不足

答案：ABCDE

11. 电气设备的集中性缺陷包括(　　)。

A. 绝缘子瓷质开裂　　B. 电动机局部磨损、挤压破裂

C. 设备由于局部放电，绝缘逐步损伤　　D. 设备机械损伤、潮湿

E. 电气设备整体绝缘性能下降

答案：ABCD

12. 在实际工作中，闸门启闭机的钢丝绳主要承受的力有(　　)。

A. 弯曲力　　B. 扭曲力　　C. 轴向压力　　D. 剪切力

答案：ABC

13. 螺杆启闭机起重螺杆和承重螺母的螺纹普遍采用的螺纹类型为(　　)。

A. 锯齿形　　B. 矩形　　C. 单线梯形　　D. 三角形

答案：ABD

14. 螺杆启闭机起重螺杆承受扭矩的大小在启闭力和螺纹规格尺寸一定的情况下，只与螺纹间的(　　)有关。

A. 滑动摩擦系数　　B. 滑动摩擦力　　C. 滚动摩擦系数　　D. 滚动摩擦力

答案：AB

15. 螺杆启闭机螺杆的损坏形式一般有：螺纹牙的磨损和折断、自锁能力不足而在重力作用下自行下落以及(　　)。

A. 失去稳定而弯曲变形　　B. 启门因拉力过大而断裂

C. 与螺母的摩擦力过大而扭曲　　D. 严重锈蚀而折断

答案：ABCD

16. 三菱FX系列PLC内部定时器的时间单位有(　　)。

A. 0.1s　　B. 0.01s　　C. 0.0001s　　D. 0.001s

答案：ABD

17. 变频器按改变变频器输出电压(或电流)的方法分类，可分为(　　)。

A. PAM式变频器　　B. PMA式变频器　　C. PWM式变频器　　D. PMW式变频器

答案：AC

18. 交直交变频器由(　　)组成。

A. 整流器　B. 进出电缆线　C. 逆变器　D. 滤波系统

答案：ACD

19. 交直交变频器按中间直流滤波环节的不同，可以分为(　　)。

A. 逆变型　B. 电阻型　C. 电压型　D. 电流型

答案：CD

20. PWM 逆变电路的控制方法有(　　)。

A. 计算法　B. 简单法　C. 跟踪控制法　D. 调制法

答案：ACD

21. PWM 逆变电路的控制方法中的调制法可分为(　　)。

A. 异步调控法　B. 计算法　C. 跟踪控制法　D. 同步调控法

答案：AD

22. 下列电力半导体器件属于自关断器件的是(　　)。

A. 普通晶闸管 KP　B. 双向晶闸管 KS　C. 逆导晶闸管 KN

D. 电力晶体管 GTR　E. 绝缘栅晶体管 IGBT

答案：DE

三、简答题

1. 简述电动机运行时，泵站操作工应做的工作。

答：(1)勤听：听正常和异常的声音。

(2)勤嗅：嗅是否有焦臭味。

(3)勤看：看是否有异常情况。

(4)勤摸：摸设备的温度并检查设备的振动情况。

(5)勤动手：做好一切记录，动手解决问题。

(6)勤倒垃圾：保持进水畅通。

2. 简述泵房生产运行管理的内容。

答：(1)操作人员必须持证上岗；(2)操作人员必须遵守各项操作规程；(3)操作人员应做好生产运行记录；(4)操作人员应做好水泵的经济运行管理的监督、检查工作。

3. 简述高低压开关柜启动前应确定的事项。

答：(1)开关柜外观整洁，无掉漆及尘土。

(2)开关柜动作可靠，仪表指示灯工作良好。

(3)绝缘部分无损坏、无放电现象，导电部分无接触不良。

(4)操作机构分、合闸指示与操作手柄指示灯正常。

(5)运行中无异常声响和异常气味。

(6)开关柜门关闭严密。

(7)接触点和连接处无过热现象。

4. 简述变压器大修后，要做的电气性能试验。

答：(1)绝缘电阻试验；(2)交流耐压试验；(3)绕组直流电阻测量；(4)绝缘油电气强度试验。

四、实操题

1. 使用低压验电器验电的操作。

(1)操作要求

①按照规定，先检查验电器外观，验电器在使用前应在电源处验证，证明验电器确实良好，验电判断。

②必须穿戴劳动保护用品。

③必备的工具、用具应准备齐全。

④正确使用工具、用具。

⑤符合安全文明生产要求。

(2)操作标准

序号	考核项目	考核细则
1	准备工作	准备低压验电器；准备常用的电工工具(低压验电器、直流电源、交流电源、导线、电机、插座及电源)
2	操作程序	检查验电器外观是否有裂纹及受潮现象
		在确有电源处测试，证明验电器确实良好，方可使用
		区别相线与零线
		区别电压的高低
		区别直流电与交流电
		区别直流电的正负极
		识别电动机绕组接地
		识别相线断路故障
3	安全文明生产	遵守国家有关法规或企业自定有关考试规定；在规定时间内完成

(3)材料准备

序号	名称	规格	单位	数量
1	低压验电器	氖管式	只	1
2	直流电源	直流 220V	台	1
3	交流电源	交流 220V	台	1
4	导线	2. 5mm^2	m	5
5	电机		台	1
6	插座及电源		套	1

2. 使用晶体管式兆欧表测量电缆绝缘电阻的操作。

(1)操作要求

①按照规定将设备停电，验电，拆除电源线，根据设备额定电压选择兆欧表，检查表内电池，接线，测量，读数，归挡。

②必须穿戴劳动保护用品。

③必备的工具、用具应准备齐全。

④正确使用工具、用具。

⑤符合安全文明生产要求。

(2)操作标准

序号	考核项目	考核细则
1	准备工作	准备兆欧表、被测物、电工工具
2	验表	按下电源按钮；旋转电源按钮至 LOCK；将转换开关调至电池电压测试挡，观察电压是否置于 BATT. GOOD 位置
3	接线测量	将测量线接地，线路接于被测设备；按下电源按钮或旋转电源按钮至 LOCK；读取数值
4	归挡	测量结束后先移开测试线再断开电源开关；拆下测量导线，归挡至 OFF
5	安全文明生产	遵守国家有关法规或企业自定有关考试规定；在规定时间内完成

(3)材料准备

序号	名称	规格	单位	数量
1	兆欧表	3123 型	块	1
2	电缆	三相高压电缆	根	1

3. 简述使用万用表测量交、直流电压的操作。

(1)操作要求

①按照规定对万用表进行机械调零和电气调零，选择挡位，测量读数，归挡。

②必须穿戴劳动保护用品。

③必备的工具、用具应准备齐全。

④正确使用工具、用具。

⑤符合安全文明生产要求。

(2)操作标准

序号	考核项目	考核细则
1	准备工作	准备万用表和交、直流电源
2	机械调零	水平放置万用表；机械调零；插入表笔
3	选择量程	根据被测量参量性质选择合适的挡位及量程
4	测量	将表笔接入被测元件
5	读取数值	根据表盘读数及挡位关系读取数值
6	归挡	测量完毕将挡位开关调至交流电压最大挡或空挡
7	安全文明生产	遵守国家有关法规或企业自定有关考试规定；在规定时间内完成

(3)材料标准

序号	名称	规格	单位	数量
1	电压源	交流 220V	台	1
2	交流电源	直流 220V	台	1
3	万用表	MF4 型或 MF500 型	块	1

4. 简述泵站内闸门和阀门的日常维护操作。

答：(1)检查与观测闸门门体，不得有裂纹、损裂等现象。

(2)检查闸门吊点处，不得有裂纹或其他缺陷。

(3)检查闸门的渗漏，应在规定的范围内。

(4)检查闸门在启闭过程中的工作情况，应无异常的振动与卡阻。

(5)不经常启闭的闸门应每月启闭 1 次，检查其运行工况、丝杠磨损、密封及腐蚀情况，阀门每周启闭 1 次。

(6)做好启闭设备电动装置外壳及机构的清扫工作，并保持清洁。

(7)确保暗杆阀门的填料密封有效，渗漏不得滴水成线。

(8)检查启闭设备电动装置的运行工况，应运行平稳、无异响、无渗漏油、无缺油、限位正确可靠。

(9)确保手动阀门的全开、全闭、转向、启闭转速等标牌显示清晰完整。

(10)确保手动、电动切换机构有效。

(11)检查动力电缆、控制电缆的接线，应无松动，接线可靠。

(12)检查电控箱及电气元器件，应完好、工作正常。

(13)经常检查自控系统中启闭设备电动装置的运行工况，必须与实际工况一致。

5. 简述水泵电动机启动前应检查的事项。

答：(1)测量电动机定子绕组及电缆的绝缘电阻，必须符合安全运行的要求。

(2)开启式电动机内部应无杂物。

(3)轴承润滑应良好，润滑及冷却水系统应正常。

(4)绕线式电动机的滑环与电刷应接触良好，电刷压力应正常。

(5)电动机引出线与电缆连接应紧固，无松动。

(6)电动机除湿保温装置电源应断开。

(7)电动机外壳接地应牢靠。

6. 简述轴流泵启动后不出水或出水量不足的可能原因及排除方法。

答：(1)叶轮淹没深度不够，或卧式泵吸程太高：降低安装高度或提高进水池水位。

(2)扬程过高：提高进水池水位，降低安装高度，减少管路损失或调整叶片安装角度。

(3)转速过低：提高转速。

(4)叶片安装角太小：增大安装角度。

(5)叶轮外圆磨损，间隙过大：更换叶轮。

(6)水管或叶轮被杂物堵塞：清除杂物。

(7)叶轮反转：调整转向。

(8)叶轮螺母脱落：重新旋紧。螺母脱落一般是停车时水倒流，使叶轮倒转所致，故应设法解决停车时水的倒流问题。

(9)泵布置不当或排列过密：重新布置或排列。

(10)进水池太小：增大进水池容积。

(11)进水形式不佳：改变形式。

(12)进水池水流不畅或堵塞：清理杂物。

7. 简述粉碎式机械格栅的日常维护。

答：(1)检查刀片磨损情况，严重磨损会导致运行不平衡。

(2)检查密封圈是否漏油、电机中的液体是否有泄漏。

(3)检查电缆电线、启动装置和监控装置是否有故障，如有故障须立即维修。

(4)检查格栅在运行中是否存在异响、振动，检查传动齿轮间隙及磨损情况。

8. 简述进退水管线养护应符合的要求。

答：(1)全面排查进退水管线运行状况，确保管道正常运行。

(2)进退水管线无影响排水功能的结构性病害，若发现应及时进行修复。

(3)进退水管线养护标准管道内存泥深度不大于管径的20%。

9. 简述安全帽的种类及适用范围。

答：安全帽的种类很多，按安全帽所用的材料划分，主要有以下产品：

(1)玻璃钢安全帽：主要用于冶金高温作业、油田钻井、森林采伐、供电线路施工、高层建筑施工以及寒冷地区施工等作业环境。

(2)聚碳酸酯塑料安全帽：主要用于油田钻井、森林采伐、供电线路施工、建筑施工等作业环境。

(3)ABS塑料安全帽：主要用于采矿、机械工业施工等冲击强度高的室内常温作业场所。

(4)超高分子聚乙烯塑料安全帽：适用范围较广，如冶金化工、矿山、建筑、机械、电力、交通运输、林业和地质等作业的工种均可使用。

(5)改性聚丙烯塑料安全帽：主要用于冶金、建筑、森林、电力、矿山、井上、交通运输等行业的作业环境。

(6)胶布矿工安全帽：主要用于煤矿、井下、隧道、涵洞等场所的作业。佩戴时，不设下颚系带。

(7)塑料矿工安全帽：产品性能除耐高温强于胶质矿工帽外，其他性能与胶质矿工帽基本相同。

(8)防寒安全帽：适合我国寒冷地区冬季野外和露天作业人员使用。

10. 简述防护鞋的种类及适用范围。

答：(1)安全鞋：主要用于防止物体砸伤脚面和脚趾。

(2)绝缘鞋：主要用于把触电时的危险降到最小程度。

(3)防静电和导电鞋：主要用于防止人体带静电引起事故，以及避免220V工频电容设备偶尔引起对人体的电击。

(4)炼钢鞋及鞋盖：此类鞋也称铸工鞋，主要用于防止足部的烧烫刺扎。

(5)橡胶靴：按其用途分为防酸碱靴、防水靴、防油鞋等。

(6)防寒鞋：主要在寒冷和低温环境作业时穿，有棉鞋、皮毛靴和毡靴等，具有良好的保温性能。

第二章

中 级 工

第一节 安全知识

一、单选题

1. 安全生产责任制是企业岗位责任制的一个组成部分，是安全规章制度的核心，安全生产责任制的实质是(　　)。

A. 谁主管谁负责　B. 预防为主　C. 安全第一　D. 一切按规章办事

答案：A

2. 下列关于突发事件预警级别的说法正确的是(　　)。

A. 预警级别分为一、二和三级，分别用红、橙和黄色标示，一级为最高级别

B. 预警级别分为一、二和三级，分别用黄、橙和红色标示，三级为最高级别

C. 预警级别分为一、二、三和四级，分别用红、橙、黄和蓝色标示，一级为最高级别

D. 预警级别分为一、二、三和四级，分别用蓝、黄、橙和红色标示，四级为最高级别

答案：C

3. 企业安全生产管理体制的总原则是(　　)。

A. 管生产必须管安全，谁主管谁负责

B. 由安全部门管安全，谁主管谁负责

C. 由各级安全员管安全，谁主管谁负责

D. 有关事故应急措施应经过当地安全监管部门审批

答案：A

4. 依照《中华人民共和国安全生产法》的规定，承担(　　)的机构应当具备国家规定的资质条件。

A. 安全评价、认可、检测、检查

B. 安全预评价、认证、检测、检查

C. 安全评价、认证、检测、检验

D. 安全预评价、认可、检测、检验

答案：C

5. 依据《中华人民共和国消防法》的规定，消防安全重点单位应当实行(　　)防火巡查，并建立巡查记录。

A. 每日　B. 每周　C. 每旬　D. 每月

答案：A

6. 根据《中华人民共和国职业病防治法》的规定，建设项目在竣工验收时，其职业病防护设施应经(　　)验收合格后，方可投入正式生产和使用。

A. 建设行政部门　B. 卫生行政部门　C. 劳动保障行政部门　D. 安全生产监督管理部门

答案：D

7. 依据《中华人民共和国安全生产法》的规定，对未依法取得批准或者验收合格的单位擅自从事有关活动的，负责行政审批的部门发现或者接到举报后，应当立即(　　)。

A. 予以停产整顿　B. 予以取缔　C. 予以责令整改　D. 予以通报批评

答案：B

8. 依据《中华人民共和国消防法》的规定，公安消防机构应当对机关团体、企业、事业单位遵守消防法律、法规的情况依法进行监督检查，发现火灾隐患，应当及时通知有关单位或者个人采取措施并(　　)。

A. 立即停止作业　　B. 撤离危险区域　　C. 限期消除隐患　　D. 给予警告和罚款

答案：C

9. 安全阀在(　　)时起跳，主要作用是保护设备，使管线不受损害。

A. 泄漏　　B. 鉴定　　C. 放空　　D. 超压

答案：D

10. 线路停电时，必须按照(　　)的顺序操作；送电时相反。

A. 断路器、负荷侧隔离开关、母线侧隔离开关　　B. 断路器、母线侧隔离开关、负荷侧隔离开关

C. 负荷侧隔离开关、母线侧隔离开关、断路器　　D. 母线侧隔离开关、负荷侧隔离开关、断路器

答案：A

11. 不许用(　　)拉合负荷电流和接地故障电流。

A. 变压器　　B. 断路器　　C. 隔离开关　　D. 电抗器

答案：C

12. 电气设备外壳接地属于(　　)。

A. 工作接地　　B. 防雷接地　　C. 保护接地　　D. 大接地

答案：C

13. 线路的过电流保护是保护(　　)的。

A. 开关　　B. 变流器　　C. 线路　　D. 母线

答案：C

14. 空调不应安装在可燃结构上，其设备与周围可燃物的距离不应小于(　　)。

A. 0. 1m　　B. 0. 3m　　C. 0. 5m　　D. 1. 0m

答案：B

15. 库房内照明灯具下方不应堆放可燃物品，其垂直下方与储存物品的水平距离不应小于(　　)，不应设置移动式照明灯具。

A. 0. 3m　　B. 0. 5m　　C. 1. 0m　　D. 1. 5m

答案：A

16. 触电事故多发的月份是(　　)。

A. 11 月—次年 1 月　　B. 2 月—4 月　　C. 6 月—9 月　　D. 10 月—12 月

答案：C

17. 在压力容器中并联组合使用安全阀和爆破片时，安全阀的开启压力应(　　)爆破片的标定爆破压力。

A. 略低于　　B. 等于　　C. 略高于　　D. 高于

答案：D

18. 依据《起重机械安全规程》(GB 6067—2015)，下列装置中，露天工作于轨道上的门座式起重机应装设的是(　　)。

A. 偏斜调整和显示装置　　B. 防后倾装置　　C. 防风防爬装置　　D. 回转锁定装置

答案：C

19. 下列说法中错误的是(　　)。

A. 下井作业人员禁止携带手机等非防爆类电子产品或打火机等火源，必须携带防爆照明、通讯设备

B. 进入污水井等地下有限空间调查取证时，作业人员应使用普通相机拍照

C. 下井作业现场严禁吸烟，未经许可严禁动用明火

D. 当作业人员进入排水管道内作业时，井室内应安排专人呼应和监护

答案：B

20. 使用长管呼吸器前必须进行检查，下列有关说法错误的是(　　)。

A. 使用前检查面罩是否完好，密合框是否有破损

B. 检查导气管、长管的气密性，观察是否有空洞或裂缝

C. 使用高压送风式长管呼吸器时，检查气瓶压力是否满足作业需要并检查报警装置

D. 检查滤毒罐外观有无破损

答案：C

21. 下列关于应急救援原则错误的是(　　)。

A. 尽可能施行非进入救援

B. 救援人员未经授权，不得进入有限空间进行救援

C. 应根据有限空间的类型和可能遇到的危害，决定要采用的应急救援方案

D. 发生事故时，为节省时间，救援人员应立即进入有限空间实施救援，不必获取审批

答案：D

22. 关于事故应急救援的基本任务，下列描述不正确的是(　　)。

A. 立即组织营救受害人员，并组织撤离或者采取其他措施保护危害区域内的其他人员

B. 迅速控制事态，并对事故造成的危害进行检测、监测，测定事故的危害区域、危害性质和危害程度

C. 消除危害后果，做好现场恢复

D. 按照“四不放过”原则开展事故调查

答案：D

23. 立即威胁生命和健康浓度是指有害环境中空气污染物浓度达到某种危险水平，如可致命，或可永久损害健康，或可使人立即丧失(　　)。

A. 知觉　　B. 逃生能力　　C. 自救能力　　D. 以上都不是

答案：B

24. 有限空间的某些环境具有突发性的危害。如开始进入有限空间检测时没有危害，但是在作业过程中突然涌出大量的有毒气体，造成(　　)。

A. 慢性中毒　　B. 急性中毒　　C. 缺氧　　D. 爆炸

答案：B

25. 二氧化碳、氮气、乙烷、氢气、氦气等气体本身无毒或毒性甚微，但人体吸入这类气体过多时，也都会对身体产生损害，主要原因是(　　)。

A. 急性中毒　　B. 缺氧　　C. 过氧化　　D. 燃爆

答案：B

26. 有限空间作业场所的运营或管理单位、施工单位应在有限空间进入点附近张贴或悬挂危险告知牌以及(　　)，并告知作业者存在的危险有害因素和防控措施，一方面引起作业小组成员的注意和重视，另一方面警告周围无关人员远离危险作业点。

A. 禁止标志　　B. 指令标志　　C. 提示标志　　D. 安全警示标志

答案：D

27. 污水井、化粪池、排水管道等有限空间作业人员不可以随身佩戴、携带(　　)。

A. 防爆手电　　B. 防爆对讲机　　C. 过滤式防毒面具　　D. 气体检测仪

答案：C

28. 作业现场出现危险品泄漏，首先应(　　)。

A. 边处理边施工　　B. 报告公司领导　　C. 停止作业，撤离人员　　D. 进行堵漏处理

答案：C

29. 动火作业过程中，出现雷电天气或风力超过(　　)时，应立即停止露天动火作业。

A. 4 级　　B. 5 级　　C. 6 级　　D. 7 级

答案：B

30. 动火作业前，针对作业内容，应进行危害识别，制定相应的作业程序及(　　)。

A. 技术要求　　B. 安全措施　　C. 工程造价　　D. 完工时间

答案：B

31. 进入有限空间作业前，在未知有毒有害气体因素时，必须选用(　　)气体检测报警仪，进行气体检测。

A. 复合泵吸式　　B. 扩散式　　C. 便携式　　D. 复合式

答案：A

32. 可燃物质与空气均匀混合形成爆炸性混合物，其浓度达到一定的范围时，遇到明火或一定的引爆能量会立即发生爆炸，这个浓度范围称为(　　)。

A. 爆炸下限　　B. 爆炸极限　　C. 爆炸上限　　D. 爆炸温度

答案：B

33. 有限空间分为(　　)、地上有限空间和地下有限空间。

A. 封闭空间　　B. 密闭设备　　C. 管道　　D. 压力容器

答案：B

34. 检测同一检测点的不同气体，应按氧气、(　　)的顺序进行。

A. 可燃气　　B. 惰性气体　　C. 有毒有害气体　　D. 可燃气、有毒有害气体

答案：D

35. 心肺复苏成功与否的关键是(　　)。

A. 按压深度　　B. 时间　　C. 按压频率　　D. 吹气频率

答案：B

36. 触电时通过人体的电流强度取决于(　　)。

A. 触电电压　　B. 人体电阻　　C. 触电电压和人体电阻　　D. 以上都不是

答案：C

37. 绝缘手套的检验周期是(　　)。

A. 5 个月 1 次　　B. 6 个月 1 次　　C. 每年 1 次　　D. 2 年 1 次

答案：B

38. 绝缘靴的检验周期是(　　)。

A. 5 个月 1 次　　B. 6 个月 1 次　　C. 每年 1 次　　D. 2 年 1 次

答案：B

39. 装设接地线时，应(　　)。

A. 先装中相　　B. 先装接地端，再装导线端

C. 先装导线端，再装接地端　　D. 先装中相，再装接地端

答案：B

40. 使用验电笔验电时，除检查其外观、电压等级、试验合格期外，还应(　　)。

A. 自测发光　　B. 自测音响　　C. 直接验电　　D. 在带电设备上测试其好坏

答案：D

41. 操作机械时，工人要穿“三紧”式工作服，“三紧”是指袖紧、领紧和(　　)

A. 扣子紧　　B. 腰身紧　　C. 下摆紧　　D. 裤子紧

答案：C

42. 临时用电线路使用期限一般为(　　)，特殊情况下延长使用期限时应办理延期手续，但最长不能超过(　　)。基建施工的临时线使用期限可按施工期确定。

A. 15 天，30 天　　B. 15 天，45 天　　C. 30 天，45 天　　D. 10 天，30 天

答案：A

43. 动火作业根据危险程度分为(　　)、一级动火作业和二级动火作业三类。

A. 甲级动火作业　　B. 特级动火作业　　C. 特殊动火作业　　D. 三级动火作业

答案：C

44. 火灾初期阶段是扑救火灾(　　)的阶段。

A. 最不利　　B. 最有利　　C. 较不利　　D. 以上都不是

答案：B

45. 使用灭火器扑救火灾时，灭火器要对准火焰(　　)喷射。

A. 上部　　B. 中部　　C. 根部　　D. 任意部位

答案：C

二、多选题

1. 常见的触电原因有(　　)。

A. 违章冒险　　B. 戴防护用具
C. 缺乏电气知识　　D. 无意触摸绝缘损坏的带电导线或金属体

答案：ACD

2. 辐射分为电离辐射和非电离辐射。下列属于非电离辐射的有(　　)辐射。

A. X 射线　　B. 微波　　C. 激光
D. 红外线　　E. 紫外线

答案：BCDE

3. 根据《中华人民共和国工会法》和《中华人民共和国劳动合同法》的规定，三方机制要解决的是有关劳动关系的重大问题，如(　　)。

A. 劳动就业　　B. 劳动报酬　　C. 社会保险
D. 劳动争议　　E. 责任制度

答案：ABCD

4. 机械设计本质安全的思路之一是进行机器的安全布置，这可使事故发生率明显降低。在进行机器的安全布置时，必须考虑的因素包括(　　)。

A. 空间　　B. 消除设备不安全隐患　　C. 照明
D. 排除危险部件　　E. 管、线布置

答案：ACE

5. 生产性粉尘可分为无机性粉尘、有机性粉尘和混合性粉尘三类。下列粉尘中属于有机性粉尘的有(　　)。

A. 水泥粉尘　　B. 合成树脂粉尘　　C. 皮毛粉尘
D. 面粉粉尘　　E. 石棉粉尘

答案：BCD

6. 下列属于有毒气体的是(　　)。

A. 氯气　　B. 硫化氢　　C. 二氧化碳　　D. 一氧化碳

答案：ABD

7. 下列属于心肺复苏操作时的有效指标的是(　　)。

A. 伤者瞳孔由大变小
B. 可见面色由紫绀转为红晕
C. 颈动脉搏动时有时无(按压时有搏动，停止按压即无搏动)
D. 伤者有眼球活动，出现对光反射

答案：ABD

三、简答题

1. 简述预防有毒有害气体的主要防范措施。

答：(1)通风；(2)作业审批；(3)安全教育；(4)配备防护用具；(5)进行气体检测。

2. 简述常见的触电原因。

答：(1)违章冒险；(2)缺乏电气知识；(3)无意触摸绝缘损坏的带电导线或金属体。

3. 简述劳保用品的定义。

答：劳保用品是指保护劳动者在生产过程中的人身安全与健康所必备的一种防御性装备，对于减少职业危害起着相当重要的作用。

第二节　理论知识

一、单选题

1. xp-302m 型气体检测仪可检测的气体有(　　)。

A. 氮气、甲烷、氧气、二氧化碳　　B. 氧气、硫化氢、可燃性气体、一氧化碳

C. 氧气、二氧化碳、硫化氢、甲烷　　D. 氧气、二氧化碳、一氧化碳、硫化氢

答案：B

2. 止回阀又被称为(　　)。

A. 逆止阀　　B. 蝶阀　　C. 闭环阀　　D. 鸭嘴阀

答案：A

3. 轴承温升一般不应超过(　　)，最高温度不得超过(　　)。

A. 40℃，75℃　　B. 60℃，70℃　　C. 30℃，75℃　　D. 40℃，70℃

答案：D

4. 在相同条件下，几次重复测定结果彼此相符合的程度称为(　　)。

A. 准确度　　B. 精密度　　C. 相对误差　　D. 绝对误差

答案：B

5. 给水系统按供水方式分为重力供水系统、(　　)系统和混合供水系统。

A. 压力供水　　B. 直流供水　　C. 循环供水　　D. 复用供水

答案：A

6. 自动化系统控制分三层：第一层为(　　)，第二层为 PLC 控制，第三层为上位机联网 PLC 自动运行。

A. 现场手动控制　　B. 自动 PLC 控制　　C. 上位机远程联网控制　　D. 远程控制

答案：A

7. 水利工程的兴建一般要经过五个阶段，分别为勘测、规划、设计、施工、(　　)。

A. 放样　　B. 报告　　C. 竣工验收　　D. 打桩

答案：C

8. 建筑结构图是在(　　)阶段绘制的。

A. 规划设计　　B. 施工设计　　C. 技术设计　　D. 勘测设计

答案：C

9. 表示电气设备名称、符号、型号、规格、数量的表格称为(　　)。

A. 设备元件和材料表　　B. 电气说明书　　C. 功能表格　　D. 程序表格

答案：A

10. 下列设备中，(　　)设备称为二次设备。

A. 安全装置　　B. 变压器　　C. 母线　　D. 避雷器

答案：A

11. 钢和铁之间的区别主要是含碳量的高低，生铁含碳量(　　)。

A. 小于 1.7%　　B. 为 1.7% ~4.5%　　C. 大于 4.5%　　D. 小于 4.5%

答案：B

12. 电压的实际方向(　　)。

A. 由低电位指向高电位　　B. 是电位升的方向　　C. 由高电位指向低电位　　D. 无法确定

答案：C

13. 电源电动势为 3V，内电阻为 0.15Ω，当外电路短路时，电路中的电流和端电压分别是(　　)。

A. 2A，3V　　B. 20A，0V　　C. 0A，3V　　D. 0A，0V

答案：B

14. 两个电阻串联，阻值之比为 1∶2，则它们消耗的电功率之比为(　　)。

A. 2∶1 B. 1∶2 C. 3∶2 D. 2∶3

答案：B

15. 高压断路器是配电装置中最重要的(　　)设备。

A. 控制 B. 测量 C. 保护 D. 控制和保护

答案：D

16. 断路器在规定时间内，允许通过的最大电流是指(　　)。

A. 过载电流 B. 额定工作电流 C. 动稳定电流 D. 热稳定电流

答案：D

17. 泵是把原动机的(　　)转换为所抽送液体的(　　)的机器。

A. 机械能，能量 B. 动能，位能 C. 热能，机械能 D. 动能，热能

答案：A

18. 轴流泵按主轴的方向可分为(　　)三种。

A. 立式泵、卧式泵、斜式泵 B. 轴流泵、混流泵、径向泵

C. 轴式泵、径式泵、混式泵 D. 轴流泵、混流泵、卧式泵

答案：A

19. 水泵在单位时间内做功的大小，称为(　　)。

A. 扬程 B. 电度 C. 功率 D. 能量

答案：C

20. 变压器在安装后，投运前应做(　　)。

A. 大修试验 B. 预防性试验 C. 交接试验 D. 耐压试验

答案：C

21. 水泵铭牌上的扬程，称为(　　)。

A. 额定扬程 B. 扬程 C. 实际扬程 D. 出水扬程

答案：A

22. 隔离开关只能开断(　　)。

A. 负荷电流 B. 短路电流 C. 空载电流 D. 过载电流

答案：C

23. 电气元件短路，其两端的电压(　　)。

A. 减小 B. 增大 C. 为零 D. 不确定

答案：C

24. 机组运行时，经常触摸检查的部位不包括(　　)。

A. 机组的辅助管道

B. 供排水泵、空压机、压力油泵、真空泵和配套电动机等辅机设备的外壳及轴承合缝处

C. 主电动机、主水泵机座及外壳

D. 主水泵的填料函处

答案：A

25. 区别离心泵和轴流泵的主要依据是(　　)。

A. 叶轮中液体的流态和比转数 B. 是否有导水锥

C. 叶轮的旋转方向和叶片的扭曲程度 D. 出水管的形状和大小

答案：A

26. 触电危险性与触电持续时间(　　)。

A. 成正比 B. 成反比 C. 无关 D. 没有规律

答案：A

27. 绝缘靴可作为(　　)的基本安全用具。

A. 单相触电 B. 两相触电 C. 跨步电压 D. 操作低压电器

答案：C

28. 下列关于母线的描述不正确的是(　　)。
A. 在进出线多的情况下，为便于电能的汇集和分配应设置一条主线，称为母线
B. 泵站系统的母线主要将电网电能引进后，通过母线分配给泵站各用电设备
C. 应按额定工作电流选择母线材料
D. 常用母线有两类：一类是软母线，另一类是硬母线
答案：C
29. 当系统中发生事故，油断路器跳闸后，下列检查中描述不正确的是(　　)。
A. 检查油断路器有无喷油现象，油色、油位是否正常
B. 检查油箱有无变形，各连接部位有无松动
C. 检查瓷件是否损坏或断裂，接点处有无过热现象
D. 检查油面是否在油位线上面
答案：D
30. 通常三相异步电动机，3kW 以下的连接成(　　)，4kW 以上的连接成(　　)。
A. 星形，三角形　　B. 星形，星形　　C. 三角形，三角形　　D. 三角形，星形
答案：A
31. 在电动机电路中，有接触器线圈参与组成的部分称为(　　)。
A. 主电路　　B. 控制电路　　C. 保护电路　　D. 一次电路
答案：B
32. 在交流电流回路中使用的控制电缆截面面积应不小于(　　)。
A. $1mm^2$　　B. $1.5mm^2$　　C. $2.5mm^2$　　D. $4mm^2$
答案：C
33. 二次回路的任务之一是反映(　　)的工作状态。
A. 一次回路　　B. 控制回路　　C. 测量回路　　D. 信号回路
答案：A
34. 单级单吸离心泵的泵轴是(　　)安装的。
A. 水平　　B. 垂直　　C. 水平或垂直　　D. 斜式
答案：C
35. 多级离心泵的叶轮是朝一个方向排列的，轴向力很大，一般在末级叶轮后装设(　　)来平衡。
A. 平衡室　　B. 平衡盘　　C. 平衡杆　　D. 平衡架
答案：B
36. 离心泵工作时为了减轻电机启动负荷，从性能曲线看，应采取(　　)启动。
A. 开阀　　B. 关阀　　C. 降压　　D. 直接
答案：B
37. 水泵容积效率是指(　　)。
A. 进口流量与流出的流量之比　　B. 流出的流量与进口流量之比
C. 进口流量与出口流量之和　　D. 进口流量与出口流量之差
答案：B
38. 水泵机组运行时，电机定子绕组最高温度不得超过(　　)。
A. 45℃　　B. 50℃　　C. 60℃　　D. 65℃
答案：C
39. 泵站供排水量计算公式是(　　)。
A. 流量×时间　　B. 供排水期间平均流量×历时
C. 第 i 时段的平均流量×第 i 段历时　　D. 供排水期间第 i 时段的流量×该段历时
答案：B
40. 快速闸门是(　　)出水流道的一种断流方式。
A. 虹吸式　　B. 弯管式　　C. 直管式　　D. 肘管式

答案：C

41. 下列关于抽真空系统描述不正确的是(　　)。

A. 当卧式水泵叶轮的淹没深度低于叶轮直径的 3/4 时，应设置抽真空系统

B. 虹吸式出水管是泵站的一种出水布置形式

C. 泵站要求抽真空的时间不能太长，轴流泵或混流泵抽出虹吸式出水流道内最大空气容积的时间宜为 30min，离心泵单泵抽气充水时间不宜超过 15min

D. 虹吸式出水流道设置真空系统的作用：一是降低启动扬程，减小机组启动力矩；二是缩短虹吸形成时间，使虹吸流道尽快形成满管流，避免振动发生，确保水泵装置正常安全运行

答案：C

42. 根据《接地装置特性参数测量导则》规定，下列对接地装置特性参数测试的基本要求描述错误的是(　　)。

A. 内容：大型接地装置的特性参数测试应包括电气完整性测试、接地阻抗测试、场区地表电位梯度测试、接触电位差测试、跨步电位差测试及转移电位的测试，在其他接地装置的特性参数测试中也应尽量包含以上内容

B. 测试时间：接地装置特性参数大都与土壤的潮湿程度密切相关，因此接地装置的状况评估和验收测试应尽量在干燥季节和土壤不冻结时进行，不应在雷、雨、雪中或雨、雪后立即进行

C. 测试周期：大型接地装置特性参数应在交接验收时全面测试，电气完整性测试每年 2 次，其他几项正常情况下宜每 1 ~ 2 年测试 1 次，遇有接地装置改造或其他必要时须进行针对性测试

D. 对测量结果进行评估

答案：D

43. 泵站的信号装置通常由(　　)组成。

A. 灯光信号　　B. 音响信号　　C. 光子牌和警铃　　D. 灯光和音响

答案：D

44. 第二种防护类型中的数字“5”表示(　　)。

A. 防滴：垂直落下的水滴不能进入设备内部

B. 防淋水：与垂直线成 60°范围内淋水不能直接进入设备内部

C. 防溅：任何方向溅水应对设备内部无有害影响

D. 防喷水：任何方向喷水应对设备内部无有害影响

答案：D

45. 下列不符合二次回路设备检查要求的是(　　)。

A. 断路器的辅助触点配线固定卡子无脱落　　B. 信号继电器无掉牌，掉牌后能复位

C. 继电器接点无烧伤，线圈外观无异常　　D. 电压、电流互感器二次侧接点完好

答案：A

46. 关于电机日常维护的内容，下列描述错误的是(　　)。

A. 经常清擦和吹扫，消除电动机及其附属设备上的灰尘、污垢和泥土

B. 测量电动机的绝缘，确定电动机绝缘良好

C. 检查和保养电动机滑环和电刷，保证它们光滑清洁、接触紧密

D. 检查电机定子、转子线圈有无匝间短路

答案：D

47. 一般电机功率小于或等于 110kW 的离心泵启动后，闭阀连续时间不能超过(　　)。

A. 3min　　B. 5min　　C. 10min　　D. 15min

答案：A

48. 离心泵启动后打开出水阀时，压力表的压力不变化仍很高，同时电流也不变，可能是因为(　　)。

A. 填料压太紧　　B. 轴承损坏　　C. 电机故障　　D. 阀板不转

答案：D

49. 在使用方面，下列不能减少气蚀现象发生的措施为(　　)。

A. 降低水泵的安装高度　　B. 减小吸水管路的阻力　　C. 减小流量　　D. 减小出水管路的阻力

答案：D

50. 为防止电动机过热，一般规定电机长期工作停机不久再连续启动的次数不得超过(　　)。

A. 1 次　　B. 2 次　　C. 5 次　　D. 任意次

答案：B

51. 雨水泵站是(　　)排水系统中负责抽排雨水的泵站。

A. 合流制　　B. 分流制　　C. 雨水　　D. 污水

答案：B

52. 泵站在设计阶段，最高运行水位应按照(　　)允许最高水位的要求推算到站前水位。

A. 服务区域　　B. 下游河道　　C. 泵站集水池　　D. 调蓄池

答案：A

53. 雨水泵站运行采取(　　)运行模式。

A. 恒定压力　　B. 恒定功率　　C. 恒定电流　　D. 恒定液位

答案：D

54. 泵站集水池水位低于(　　)液位时，水泵将发生气蚀、振动等问题，直接影响设备运行状况。

A. 最高　　B. 最低　　C. 正常　　D. 超负荷

答案：B

55. 电动机运行标准规定：电动机运行时的各相间的电压不平衡程度不得超过(　　)，在轻负载时，如果一相定子电流没有超过额定值，则不平衡电流不得超过额定电流的 10%。

A. 2%　　B. 3%　　C. 4%　　D. 5%

答案：D

56. 污水泵站是在(　　)排水系统中负责抽升城市中排放的生活污水和工业废水的排水设施。

A. 合流制　　B. 分流制　　C. 雨水　　D. 污水

答案：B

57. 受上游排水特点决定，污水泵站全年连续进水，泵站运行采取(　　)运行模式。

A. 恒定压力　　B. 恒定功率　　C. 恒定电流　　D. 恒定液位

答案：D

58. 单位重量的液体从水泵进口到出口所增加的能量，称为(　　)。

A. 扬程　　B. 吸水扬程　　C. 压水扬程　　D. 实际扬程

答案：A

59. 卧式离心泵的吸水扬程和压水扬程的分界线是(　　)。

A. 水泵进水口水面　　B. 泵轴中心线　　C. 水泵出水口水面　　D. 水泵出水口中心线

答案：B

60. 轴流泵工作时，为了降低电机启动功率，从性能曲线看，应采取(　　)启动。

A. 关阀　　B. △　　C. 开阀　　D. Y

答案：C

61. 电机磁场中心高程，是根据水泵(　　)高程求得的。

A. 底座　　B. 叶轮中心　　C. 导叶体　　D. 大轴法兰

答案：B

62. 机组运行时，上下油缸内的轴瓦温升不得超过(　　)。

A. 35℃　　B. 40℃　　C. 45℃　　D. 60℃

答案：B

63. 机组运行时，上下油缸内的轴瓦温度不得超过(　　)。

A. 55℃　　B. 60℃　　C. 65℃　　D. 70℃

答案：C

64. 安装时同心度不好，运行中会产生(　　)。

A. 噪声　　B. 振动　　C. 功率增大　　D. 流量减小

答案：B

65. 轴承一般平均的使用寿命为(　　)左右。

A. 1000h　　B. 2000h　　C. 3000h　　D. 5000h

答案：D

66. 下列关于变频启动的特点描述不正确的是(　　)。

A. 启动电流大、启动力矩大，对设备无冲击力矩，对电网无冲击电流

B. 既不影响其他设备运行，又有最理想的启动特性

C. 设备复杂，价格昂贵

D. 该启动方式常用控制要求启动转矩较大的中压电动机

答案：A

67. 加速绝缘材料老化的主要原因是(　　)。

A. 电压高　　B. 电流大　　C. 温度高　　D. 功率大

答案：C

68. 电磁阀属于(　　)。

A. 电动阀　　B. 自动阀　　C. 快速动作阀　　D. 平板阀

答案：C

69. 下列关于工作闸门的操作说法不正确的是(　　)。

A. 工作闸门在静水情况下启闭

B. 允许局部开启的工作闸门泄水时，应注意对下游的冲刷和闸门本身的振动

C. 闸门开启泄流时，必须与下游水位相适应，使水跃发生在消力池内

D. 不允许局部开启工作闸门，不得中途停留在闸门槽

答案：A

70. 混流泵按结构形式分为(　　)两种。

A. 立式与卧式　　B. 正向进水与侧向进水　　C. 全调节与半调节　　D. 涡壳式与导叶式

答案：C

71. 轴流泵按调节叶片角度的可能性分为(　　)三种类型。

A. 固定式、半调节式和全调节式　　B. 立式、卧式和斜式

C. 封闭式、半敞开式和全敞开式　　D. 全角、半角和固定角

答案：B

72. 离心泵叶轮根据(　　)分为单吸泵和双吸泵。

A. 叶片弯度方式　　B. 进水方式　　C. 前后盖板不同　　D. 旋转速度

答案：B

73. 泵壳作用之一：由于从工作轮中甩出的水(　　)，因此泵壳就起到了收集水并使其平稳地流出的作用。

A. 流动得不平稳　　B. 流动速度太快　　C. 水流压力太大　　D. 水头损失较大

答案：B

74. 离心泵泵轴的要求：应有足够的(　　)，其挠度不超过允许值；工作转速不能接近产生共振现象的临界转速。

A. 光滑度和长度　　B. 抗扭强度和刚度　　C. 机械强度和耐磨性　　D. 抗腐蚀性

答案：B

75. 封闭式叶轮是具有两个盖板的叶轮，如单吸式叶轮、多吸式叶轮，叶轮中叶片一般有(　　)。

A. 2～4 片　　B. 4～6 片

C. 6～8 片，多的可至 12 片　　D. 13～16 片

答案：C

76. 水泵叶轮的相似定律是在几何相似的基础上的。两台水泵凡是满足几何相似和(　　)的条件，称为工况相似水泵。

A. 形状相似　　B. 条件相似　　C. 水流相似　　D. 运动相似

答案：B

77. 用闸阀来调节离心泵装置时应注意的是，关小闸阀增加的扬程都消耗在(　　)上了，只是增加了损失，不能增加净扬程，在设计时尽量不采用这种方式。

A. 管路　　B. 水泵出口　　C. 闸门　　D. 吸水管路

答案：C

78. 某厂日供水35万m^3，日用电量为48440kW·h，平均扬程为0.4MPa，则该厂的综合单位电耗为(　　)。

A. 138.4kW·h/km^3　　B. 138.4kW·h/(km^3·MPa)

C. 346kW·h/km^3　　D. 346kW·h/(km^3·MPa)

答案：D

79. 下列水泵机组各种功率的大小关系正确的是(　　)。

A. 有效功率 > 轴功率 > 输入功率 > 配套功率　　B. 有效功率 < 轴功率 < 输入功率 < 配套功率

C. 有效功率≤轴功率 < 输入功率≤配套功率　　D. 有效功率≤轴功率≤输入功率≤配套功率

答案：B

80. 无功功率的单位是(　　)。

A. kW　　B. kV·A　　C. kvar　　D. kW·h

答案：C

81. 绕线式电动机运行中，出现集电环火花过大，最有可能的故障是(　　)。

A. 转子开路　　B. 定子短路　　C. 集电环损坏　　D. 电机堵转

答案：C

82. 反映流量与管路中水头损失之间关系的曲线方程 $H = H_{st} + SQ^2$，称为(　　)方程。

A. 流量与水头损失　　B. 阻力系数与流量　　C. 管路特性曲线　　D. 流量与管道局部阻力

答案：A

83. 水泵额定转速的表示符号是(　　)。

A. N　　B. n　　C. H　　D. η

答案：B

84. 更换填料时切口与泵轴呈(　　)，相邻填料开口错位应大于90°。

A. 15°　　B. 45°　　C. 75°　　D. 90°

答案：B

85. 机械密封的特点是(　　)。

A. 摩擦力大　　B. 寿命短　　C. 不泄露　　D. 耐磨损

答案：C

86. 液力联轴器的特点是(　　)。

A. 可调性差　　B. 有级变速　　C. 噪声小　　D. 易更换

答案：C

87. 离心泵的叶片一般都制成(　　)。

A. 螺旋抛物线状　　B. 扭曲面　　C. 柱状　　D. 球形

答案：A

88. 当水泵其他吸水条件不变时，随输送水温的增高，水泵的允许安装高度(　　)。

A. 将增大　　B. 将减小　　C. 保持不变　　D. 不一定

答案：B

89. 叶片泵在一定转速下运行时，所抽升流体的容重越大(流体的其他物理性质相同)，其轴功率(　　)。

A. 越大　　B. 越小　　C. 不变　　D. 变化不一定

答案：A

二、多选题

1. 下列属于防止电气误操作“五防”的有(　　)。

A. 防止误分、合断路器　　B. 防止带负荷分、合隔离开关

C. 防止操作人员触电　　D. 防止带电挂(合)接地开关

答案：ABD

2. 水泵启动后不出水或出水不足的原因有(　　)。

A. 泵壳内存有空气，未排空　　B. 吸水管路或填料漏气

C. 水泵转速太低　　D. 油质不合格

答案：ABC

3. 从事特种作业的人员必须要具备的条件有(　　)。

A. 年满18周岁

B. 身体健康，无妨碍从事相应工种作业的疾病和生理缺陷

C. 初中以上文化程度，具备相应工种的安全技术知识，参加过国家规定的安全培训

D. 通过技术理论和实际操作考核且成绩合格

E. 符合相应工种作业特点需要的其他条件

答案：ABCD

4. 离心泵出水不足，是由于(　　)。

A. 水泵转向不对　　B. 进水水位太低，空气进入泵内

C. 进水管路接头处漏气、漏水　　D. 进水管路或叶轮中有杂物

E. 出水扬程过高

答案：BCDE

5. 泵站管理技术档案应包括(　　)。

A. 泵站管理的相关标准　　B. 设备管理技术档案　　C. 建筑物管理技术档案

D. 调度管理技术档案　　E. 信息管理技术档案

答案：ABCD

6. 恶性电气误操作包括(　　)。

A. 带负荷拉(合)隔离开关　　B. 带电挂(合)接地线　　C. 误分(合)断路器

D. 带接地线合断路器　　E. 误入带电间隔

答案：ABD

7. 电气设备绕组通过直流电阻的测量，可判断出(　　)。

A. 电气设备线圈的质量　　B. 线圈或引线有无折断开路现象

C. 电气设备绝缘性能　　D. 并联支路是否正确，有无短路现象

E. 电气设备的直流耐压水平

答案：ABD

8. 下列关于直流电阻测量方法的描述正确的是(　　)。

A. 测量方法有电桥法和电压降法

B. 电桥法是用单、双臂电桥测量电阻，直接读数，准确度高

C. 电桥法在测量感抗值较大的设备绕组的直流电阻时，速度较快

D. 电压降法要通过计算才能得出直流电阻值

E. 电桥法测量电感性线圈的直流电阻时，使用方便、快速

答案：BDE

9. 为了测量电气设备的直流电阻，可用(　　)测量。

A. 钳形电流表　　B. 万用表　　C. 兆欧表

D. 电桥　　E. 直流电阻测试仪

答案：ABDE

10. 选用ZC－8型接地电阻测试仪测量输、配电杆塔和独立避雷针等小型接地装置工频接地电阻时，须配用(　　)。

A. 辅助接地棒2根　　B. 5m导线1根　　C. 10m导线1根

D. 20m导线1根　　E. 40m导线1根

答案：ABDE

11. 下列关于直流电源系统的作用描述正确的是(　　)。

A. 直流电源系统作为独立电源为泵站的保护、控制、信号回路、事故照明等负荷提供电源

B. 直流电源系统不受交流系统电源的影响

C. 当交流电源系统发生故障停电时，直流电源系统仍能保证泵站保护、控制、信号回路和设备操作机构可靠工作

D. 直流电源容量选择按不大于30min计算

E. 直流电源系统保证泵站工程安全，同时还保证事故照明

答案：ABCD

12. 蓄电池使用年限的长短主要取决于(　　)。

A. 平时运行和充放电状况　B. 初充电状态　C. 日常的维护检查状况

D. 尽量不用，保证在静止状态　E. 使用频率

答案：ABCE

13. 在电气设备上检修维护时，按照《电力安全工作规程》的规定，下列技术措施正确的是(　　)。

A. 停电　B. 验电　C. 接地

D. 悬挂标示牌和装设遮拦(围栏)　E. 充放电

答案：ABCD

14. 在电气设备上检修结束后，按《电力安全工作规程》要求执行，下列事项正确的是(　　)。

A. 拆除临时挂设的接地线

B. 移走临时架设的遮拦或围栏

C. 取下临时挂放的警示牌、维修器具，检查维修记录

D. 对设备进行与实际运行方式相符的一次系统模拟图核对

E. 查验试验报告

答案：ABCDE

15. 为防止人身伤亡事故的发生，应依据国家法规并结合泵站实际制定切实可行的安全规章制度，下列相关描述正确的是(　　)。

A. 定期对人员进行安全技术培训　B. 定期进行安全制度培训

C. 严格执行安全操作规程　D. 不断改善和完善生活设施

E. 杜绝违章作业、违章指挥

答案：ABCE

16. 为防止火灾事故的发生，应依据国家法规并结合泵站实际制定切实可行的消防安全制度，下列相关描述正确的是(　　)。

A. 电缆不得与易引起火灾的管道同处一室或相近布设，以免引起火灾

B. 电缆室、电缆廊道以及电缆沟与外部连通的通道必须用防火堵料封堵

C. 在电缆廊道内每隔150m、充油电缆每隔120m、电缆沟每隔20m，设一个防火分隔物

D. 电气设备维修时，必须严格执行相关安全制度

答案：ABCD

17. 下列关于在电缆廊道内设置防火隔物的规定描述正确的是(　　)。

A. 电缆廊道内每隔150m设置防火隔物　B. 充油电缆每隔30m设置防火隔物

C. 电缆沟每隔10m设置防火隔物　D. 充油电缆每隔120m设置防火隔物

E. 电缆沟每隔20m设置防火隔物

答案：ADE

18. 变压器正常运行时，下列关于最高温度和最低温度的描述正确的是(　　)。

A. 绕组的温度最高　B. 芯的温度最高　C. 变压器油的温度最低

D. 油箱的温度最高　E. 散热器温度最低

答案：AC

19. 手车断路器的基本操作方法和注意事项是(　　)。
A. 改变手车位置时，必须先确认手车断路器在分闸位置
B. 手车位置改变后要观察位置指示器(灯)的变化，防止因手车不到位而影响指示和控制
C. 手车不允许停留在运行位置和试验位置之间的任何中间位置，并且必须确保到位并定位锁死
D. 在技术管理上应改善断路器的环境和温度
E. 手车拉出后，应观察静触头隔离挡板是否已落下
答案：ABCE
20. 泵站变压器(变电所的主变压器)装设的保护中，(　　)属于主保护。
A. 电流速断保护　　B. 过电流保护　　C. 纵联差动保护
D. (瓦斯)气体保护　　E. 过负荷保护
答案：ACD
21. 电力设备基本试验项目应包括(　　)。
A. 直流电阻测量　　B. 绝缘电阻和吸收比测量　　C. 直流耐压及泄漏电流试验
D. 油色谱分析　　E. 交流耐压试验
答案：ABCE
22. 螺杆启闭机起重螺杆工作时承受的荷载主要有(　　)。
A. 启门力　　B. 闭门力　　C. 扭力
D. 剪切力　　E. 挤压力
答案：ABC
23. 螺杆启闭机螺母的损坏形式一般有(　　)。
A. 螺纹牙的磨损及牙根折断　　B. 螺母悬置部分被拉断
C. 螺母凸缘支承表面根部被挤断　　D. 凸缘根部弯折或被剪断
E. 因与螺杆的摩擦阻力过大而扭断
答案：ABCD
24. 下列属于螺杆启闭机维护内容的是(　　)。
A. 定期观察和适时向机体内添加润滑油　　B. 定期清理并更换润滑油
C. 注重螺杆外露部分的清洗，适当增加润滑油涂抹次数
D. 校正行程后固定限位螺母　　E. 定期校验或调整闸门开度指示器和限位装置
答案：ABCDE
25. 如果不及时清除被拦污栅拦截的污物，会造成的后果主要表现为(　　)。
A. 大幅度地增大水泵扬程和轴功率　　B. 减小水泵流量
C. 延长运行时间　　D. 增加运行费用　　E. 加剧水泵气蚀
答案：ABCDE
26. 拦污栅的组成部分有(　　)。
A. 钢质栅叶结构　　B. 滑道　　C. 预埋件
D. 滑块　　E. 底坎
答案：AC
27. 拦污栅的预埋件的主要组成部分是(　　)。
A. 支承轨道　　B. 反轨　　C. 侧轨
D. 护角　　E. 滑道
答案：ABCD
28. 采用机械清污或提栅清污时，通过拦污栅的流速可以选取(　　)。
A. 0.5m/s　　B. 0.6m/s　　C. 0.7m/s
D. 0.8m/s　　E. 1.0m/s
答案：BCDE
29. 为增大水流过栅面积，且便于人工和机械清污，栅叶与水平面倾角可以设置成(　　)。

A. 50°　　B. 60°　　C. 70°

D. 80°　　E. 90°

答案：CD

三、简答题

1. 简述泵站常用的三相异步电动机的主要组成部分。

答：主要由定子部分、转子部分和其他部分组成。定子部分有机座、定子铁芯和定子绕组；转子部分有转子铁芯、转子绕组和转子轴承；其他部件有上下端盖、上下轴承和接线盒。

2. 简述自动空气断路器的作用。

答：自动空气断路器有两个作用：(1)做控制开关，可手动接通和切断电路；(2)其他保护作用，起到短路、过载、失压保护作用。

3. 简述水泵振动产生的原因。

答：(1)水泵转子或电机转子不平衡；(2)联轴器结合不良；(3)轴承磨损；(4)地脚螺栓松动；(5)轴有弯曲。

4. 简述设备管理的目的。

答：减少设备事故的发生，保持、提高设备的性能、精度，降低维修费用，提高企业的生产能力和经济效益。

四、计算题

1. 一台离心泵的机械损失与轴功率 N 的比值为 0.2，求该泵的机械效率。

解：机械损失 $P_m = 0.2 \times N$

机械效率 $\eta_{机} = 1 - P_m/N = 1 - (0.2 \times N/N) = 1 - 0.2 = 0.8$

2. 一泵当转速为 $n_1 = 2950\text{r/min}$ 时，流量 $Q_1 = 30\text{m}^3/\text{h}$，扬程 $H_1 = 40\text{m}$，轴功率 $N_1 = 10\text{kW}$。当泵的转速变为 $n_2 = 2700\text{r/min}$ 时，求此时该泵的流量 Q_2、扬程 H_2、轴功率 N_2。

解：流量 $Q_2 = (Q_1 \times n_2)/n_1 = (30 \times 2700)/2950 \approx 27.5\text{m}^3/\text{h}$

扬程 $H_2 = H_1 \times (n_2/n_1)^2 = 40 \times (2700/2950)^2 \approx 33.5\text{m}$

轴功率 $N_2 = N_1 \times (n_2/n_1)^3 = 10 \times (2700/2950)^3 \approx 7.7\text{kW}$

3. 直流他励电动机，$P_N = 22\text{kW}$，$U_N = 220\text{V}$，$I_N = 118.3\text{A}$，$n_N = 1000\text{r/min}$，$R_a = 0.145\Omega$，求：①阻力转矩为 $0.8T_N$（T_N 表示额定转矩）时，电动机稳定运行时的转速；②阻力转矩 T_2 为 $0.8T_N$ 时，在电枢回路串入 0.73Ω 的电阻，电动机稳定运行时的转速。

解：①根据 $U = E_a + I_aR_a$，得：

$E_{aN} = U_N - I_NR_a = 220 - 118.3 \times 0.145 \approx 202.8\text{V}$

$T = T_2 = 0.8T_N$，所以 $I_a' = 0.8I_N$

$E_a = U_N - 0.8I_NR_a = 220 - 0.8 \times 118.3 \times 0.145 \approx 206.3\text{V}$

由 $n/n_N = E/E_{aN}$，得：$n = E/E_{aN} \times n_N = 206.3/202.8 \times 1000 \approx 1017.3\text{r/min}$

所以，阻力转矩为 $0.8T_N$ 时，电动机稳定运行时的转速约为 1017.3r/min。

②$E_a = U_N - 0.8I_N \times (R_a + 0.73) = 220 - 0.8 \times 118.3 \times (0.145 + 0.73) \approx 137.2\text{V}$

由 $n/n_N = E_a/E_{aN}$，得：$n = E_a/E_{aN} \times n_N = 137.2/202.8 \times 1000 \approx 676.5\text{r/min}$

所以，阻力转矩为 $0.8T_N$ 时，在电枢回路串入 0.73Ω 的电阻，电动机稳定运行时的转速为 676.5 r/min。

4. 一台直流他励电动机，其额定数据如下：$P_N = 2.2\text{kW}$，$U_N = U_f = 110\text{V}$，$n_N = 1500\text{r/min}$，$\eta_N = 0.8$，$R_a = 0.4\Omega$，$R_f = 82.7\Omega$，求：①额定电枢电流 I_{aN}；②额定励磁电流 I_{fN}；③励磁功率 P_f；④额定转矩 T_N；⑤额定电流时的反电势 E_N；⑥直接启动时的启动电流 I_{st}。

解：①由 $P_N = U_N \times I_{aN} \times \eta_N$，得：额定电枢电流 $I_{aN} = P_N/(U_N \times \eta_N) = 2200/(110 \times 0.8) = 25\text{A}$

②由 $U_f = R_f \times I_{fN}$，得：额定励磁电流 $I_{fN} = U_f/R_f = 110/82.7 \approx 1.33\text{A}$

③励磁功率 $P_f = U_f \times I_{fN} = 110 \times 1.33 = 146.3\text{W}$

④额定转矩 $T_N = 9.55 \times P_N/n_N = 9.55 \times 2200/1500 \approx 14.01\text{N} \cdot \text{m}$

⑤额定电流时的反电势 $E_N = U_N - I_N \times R_a = 110 - 0.4 \times 25 = 100\text{V}$

⑥直接启动时的启动电流 $I_{st} = U_N / R_a = 110/0.4 = 275A$

5. 某泵站有28ZLB－70型水泵3台，电动机的功率为155kW，水泵的流量为$1.5m^3/s$。某日，1号泵开车2.5h，2号泵开车3h，求这天此泵站的排放量及统计用电数。

解：由于两台泵的流量和配用功率相同，故：

设：T_s 为总开车时间的秒数，T_h 为总开车时间的小时数。

$T_s = (2.5 \times 3600) + (3 \times 3600) = 19800s$

$Q = 19800 \times 1.5 = 29700t$

$T_h = 2.5 + 3 = 5.5h$

统计用电数 $= 5.5 \times 155 = 852.5kW \cdot h$

所以，这天此泵站的排放量为29700t，统计用电数为852.5kW·h。

6. 已知水泵的有效功率为65.6kW，水泵的效率为84%，求此泵的轴功率。

解：$N = N_{效} / \eta = 65.6/0.84 \approx 78.1kW$

7. 有人认为负载电流大的一定消耗功率大。一个220V、40W的灯泡比手电筒的电珠（2.5V、0.3A）要亮得多，求灯泡中的电流及小电珠的功率。

解：220V、40W灯泡的电流 $I = 220/40 = 5.5A$

电珠功率 $P = U \times I = 2.5 \times 0.3 = 0.75W$

8. 求 $f_1 = 50Hz$ 及 $f_2 = 200Hz$ 的角频率 ω 和周期 T。

解：根据角频率 $\omega = 2 \times \pi \times f = 2 \times \pi / T$，得：

$\omega_1 = 2 \times \pi \times f_1 = 2 \times 3.14 \times 50 = 314rad/s$

$\omega_2 = 2 \times \pi \times f_1 = 2 \times 3.14 \times 200 = 1256rad/s$

根据 $f = 1/T$，则周期 $T = 1/f$

$T_1 = 1/50 = 0.02s$；$T_2 = 1/200 = 0.005s$

9. 有一电感 $L = 0.08H$ 的线圈，它的电阻很小，可忽略不计，求其通过50Hz和10000Hz的交流电流时的感抗。

解：通过50Hz交流电流时的感抗 $X_{L1} = 2 \times \pi \times f_1 \times L = 2 \times 3.14 \times 50 \times 0.08 = 25.12\Omega$

通过10000Hz交流电流时的感抗 $X_{L2} = 2 \times \pi \times f_1 \times L = 2 \times 3.14 \times 10000 \times 0.08 = 5024\Omega$

10. 有一个电容器，电容为 $50 \times 10^{-6}F$，将它接在220V、50Hz交流电源时，求它的容抗和通过的电流。

解：容抗 $X_c = 1/(2 \times \pi \times f \times c) = 1/(2 \times 3.14 \times 50 \times 50 \times 10^{-6}) \approx 63.7\Omega$

通过的电流 $I = U/X_c = 220/63.7 \approx 3.45A$

11. 有一星形连接的三相负载，每相负载的电阻都为12Ω，电抗为16Ω，三相电源电压对称，线电压为380V，求负载的线电流。

解：相电压 $U = 380/\sqrt{3} \approx 220V$

每相阻抗 $Z = \sqrt{R^2 + X^2} = \sqrt{12^2 + 16^2} = 20\Omega$

则，相电流 $I_{相} = U/Z = 220/20 = 11A$

由于是星形连接，线电流等于相电流。

所以 $I_{相} = I_{线} = 11A$

12. 有三个单相负载，其电阻分别为 $R_A = 10\Omega$、$R_B = 20\Omega$、$R_c = 40\Omega$，接于三相四线制电路，电源相电压为380V。求各相电流。

解：根据题干可得：三个单相负载为星形连接。

相电压 $U = 380/\sqrt{3} \approx 220V$

则，各相电流 $I_A = 220/10 = 22A$；$I_B = 220/20 = 11A$；$I_C = 220/40 = 5.5A$

第三节　操作知识

一、单选题

1. 检查井内水泵运行时严禁人员下井，防止(　　)。

A. 中毒　　B. 窒息　　C. 坠落摔伤　　D. 触电

答案：D

2. 生物除臭装置中的过滤填料宜每年进行 1 次补充增加，增加量约为(　　)。

A. 5% ~10%　　B. 2% ~5%　　C. 10% ~15%　　D. 10% ~20%

答案：A

3. 柴油发电机组在备用期间每月运转(　　)，每次运转时间不少于 10min。

A. 4 次　　B. 3 次　　C. 2 次　　D. 1 次

答案：D

4. 柴油发电机组每半年或累计运行(　　)，应进行整机检查，查看机油液位、冷却液液位，随时补充添加。

A. 300h　　B. 350h　　C. 250h　　D. 200h

答案：C

5. 不经常启闭的闸门应每月启闭(　　)，检查运行工况、丝杠磨损、密封及腐蚀情况，阀门每周启闭(　　)。

A. 1 次，1 次　　B. 1 次，2 次　　C. 2 次，2 次　　D. 2 次，1 次

答案：A

6. 填料的松紧度以每分钟能渗水(　　)左右为宜，可用填料压盖螺纹来调节。

A. 10 滴　　B. 15 滴　　C. 20 滴　　D. 25 滴

答案：C

7. 可采取(　　)措施，以减小工艺系统的进水量。

A. 减少提升泵数/降低提升泵运行频率/开启超越闸门

B. 关闭提升泵数/降低提升泵运行频率/开启进水闸门

C. 减少提升泵数/降低提升泵运行频率/关闭超越闸门

D. 增加提升泵数/降低提升泵运行频率/开启超越闸门

答案：A

8. 机械密封中动、静摩擦面出现轻微划痕或表面不太平滑时，可进行(　　)修复。

A. 研磨抛光　　B. 磨削　　C. 精车　　D. 更换

答案：A

9. 对于装有滑动轴承的新泵，运行 100h 左右，应更换润滑油，以后每运转(　　)应换油 1 次，同时每半年至少换油 1 次。

A. 100 ~400h　　B. 300 ~500h　　C. 400 ~500h　　D. 200 ~400h

答案：B

10. 常用的振动测量参数有加速度、速度和位移，一般低频振动(小于 10Hz)采用(　　)。

A. 加速度　　B. 速度　　C. 位移　　D. 高度

答案：B

11. 气体探测仪的响应时间变慢，其原因是(　　)。

A. 灰尘堵塞探头　　B. 电路故障　　C. 灵敏度上升　　D. 导线接错

答案：A

12. 能直接把水泵与动力机轴连接起来的部件是(　　)。

A. 联轴器　　B. 齿轮　　C. 离合器　　D. 链条

答案：A

13. 视频监视系统中的现场设备使用的是(　　)。

A. 视频主机　B. 显示器　C. 视频处理卡　D. 摄像机

答案：D

14. 泵站成套配电装置的组成设备不包括(　　)。

A. 开关设备　B. 保护、测量元件　C. 母线和其他辅助设备　D. 电力电缆

答案：D

15. 水泵填料函的滴水，一般以每分钟(　　)为宜。

A. 40 ~ 60 滴　B. 60 ~ 80 滴　C. 60 ~ 120 滴　D. 30 ~ 60 滴

答案：D

16. 设备检查是对设备的运转可靠性和零部件磨损程度的检查。通过检查，可以全面掌握泵机设备技术状况的变化和磨损情况，及时查明和消除隐患，并为设备的(　　)提供依据。

A. 检修　B. 维护　C. 检查　D. 计划检修

答案：D

17. 直流系统绝缘电阻一般采用500V或1000V摇表测量，在大修时或更换接线时，对直流小母线和控制盘的电压小母线，要求在断开所有并联支路时测得的值不应小于(　　)。

A. 0. 5MΩ　B. 1MΩ　C. 5MΩ　D. 10MΩ

答案：D

18. 在工程上经常用到接地装置，常见的有工作接地、保护接地、仪控接地和事故接地，下列关于各种接地的功能与作用的描述错误的是(　　)。

A. 为防止带电设施及其他设备的感应电伤人而接地称为防雷接地

B. 为了防止设备遭受到外电(磁)场的干扰，设备外壳接地称为屏蔽接地

C. 为了人身与设备安全，不至于因为设备误带电伤及他人的接地称为保护接地

D. 带电体意外地与地连接，称为事故接地

答案：A

19. 起吊重物时，钢丝绳与垂直方向的夹角不应超过(　　)。

A. 15°　B. 25°　C. 35°　D. 45°

答案：D

20. 集水池格栅的有效进水面积为进水总管的(　　)。

A. 1. 2 ~ 1. 5 倍　B. 1. 5 ~ 1. 8 倍　C. 1. 8 ~ 2. 1 倍　D. 3 倍

答案：A

21. 高压开关柜防误闭锁装置完备，具有“五防”功能，“五防”主要是指(　　)。

A. 防止误分、误合断路器，防止带负荷拉、合隔离开关或手车触头，防止带电挂(合)接地线(接地刀闸)，防止带接地线(接地刀闸)分、合断路器(隔离开关)，防止误入带电间隔

B. 防止误分断路器，防止带电拉、合隔离开关，防止带电合接地刀闸，防止带接地合断路器，防止误合断路器

C. 防误分、合断路器，防止带电拉、合隔离开关，防止带电拉、合接地刀闸，防止带地线合断路器

D. 防误分、合断路器，防止带电拉、合隔离开关，防止带电拉接地刀闸，防止带接地分、合断路器，防止误入带电间隔

答案：A

22. 下列有关金属铠装抽出式开关柜配用元件描述不正确的是(　　)。

A. 柜内开关选用少油断路器或真空断路器

B. 断路器配用 CD10 系列电磁操作机构或 CT8 弹簧操作机构

C. 隔离开关配用 CN30-10 旋转系列产品

D. 真空断路器也可配用 CD57 系列操作机构

答案：D

23. 根据断路器的灭弧介质及作用不同，常用的高压断路器类型中不包含 (　　)。

A. 油断路器、压缩空气断路器　B. 高压熔断器

C. 六氟化硫(SF_6)断路器　　D. 真空断路器和磁吹式断路器

答案：B

24. 下列不属于真空断路器的优点的是(　　)。

A. 体积小、灭弧能力强　B. 使用寿命相对较长　C. 检修复杂、维护费用高　D. 适用于频繁操作

答案：C

25. 下列设备中，(　　)称为一次设备。

A. 继电保护　B. 测量仪表　C. 互感器　D. 控制和信号器具

答案：C

26. 在一定的转速和流量下，必需气蚀余量主要与(　　)有关，而与水泵的进水管路装置无关。

A. 叶轮的形状　　B. 叶轮进口部位的几何形状

C. 叶轮出口部位的几何形状　　D. 叶轮的几何形状

答案：B

27. 允许吸上真空高度，是为保证水泵内部(　　)不产生气蚀，在水泵进口处允许的最大真空值，用 H_S 表示。

A. 扬程最低点　B. 扬程最高点　C. 压力最低点　D. 压力最高点

答案：C

28. 水泵比能是指水泵实际传给并通过水泵的(　　)。

A. 液体的总能量　　B. 单位质量液体的位能的增加

C. 单位质量液体的总能量　　D. 单位质量液体的势能的增加

答案：C

29. 下列工作中，不属于中小型水泵机组停机后的工作是(　　)。

A. 停止运行的格栅除污机　　B. 关闭相应的闸门(闸阀)

C. 泵房清洁

D. 将自耦减压启动箱上的转换开关由“停止”位置转到“手动(或自动)”位置

答案：D

30. 下列关于兆欧表的使用方法及注意事项的说法不正确的是(　　)。

A. 一般情况下，额定电压在500V以下，选用500V或1000V兆欧表；额定电压500V以上的设备选用1000～2500V兆欧表；测量绝缘子时，应选用2500V及以上兆欧表

B. 兆欧表的L端子接试品与大地绝缘的导电部分，E端子接被试品的接地端

C. 兆欧表使用前应做开短路试验，在读取稳定读数后，先停止摇动，再取下测量线

D. 不要随意拆除高压兆欧表在表壳玻璃上配接的铜导线，它能消除静电荷对指针的引力

答案：C

31. 泵站常用的简单净化油方法不包括(　　)。

A. 澄清　B. 压力过滤　C. 真空分离　D. 专用设备处理

答案：D

32. 关于兆欧表的使用方法，下列描述错误的是(　　)。

A. 兆欧表可以在设备带电但没有感应电的情况下测量

B. 测量前应将摇表进行一次开路或短路试验，检查摇表是否良好

C. 摇表在未停止转动之前或被测设备未放电之前，严禁用手触及

D. 禁止在雷电天气时或带电的高压设备附近测绝缘电阻，测量过程中被测设备上不能有人工作

答案：A

33. 泵站电气设备，按其作用不同一般分为一次设备和二次设备。一次设备是指(　　)。

A. 间接生产分配电能的设备　　B. 直接生产、输送电能的设备

C. 直接生产、输送和分配电能的设备　　D. 间接产生、输送和分配电能的设备

答案：C

34. 在设备停运的情况下对设备进行检查，应(　　)。

A. 填好操作票，做好操作准备　　B. 填好值班记录，做好检查准备

C. 填好运行参数，做好档案记录　　D. 填好工作票，做好安全防范

答案：D

35. 下列关于变压器的说法错误的是(　　)。

A. 运行中的变压器，不仅要监视其上层油温，还要监视其上层油的温升

B. 变压器在任何环境下运行，其温度、温升均不得超过允许值

C. 在正常冷却条件下，当变压器过负荷运行时，绝缘寿命损失将减小，轻负荷运行时，绝缘寿命损失将增加，因此二者可以相互补偿

D. 当系统中出现过电压时，会使变压器的电压和磁通波形畸变，对用电设备有很大的破坏性

答案：C

36. 电动机启动应按供电系统最小允许方式和机组最不利的运行组合形式进行计算。下列选项不正确的是(　　)。

A. 同步电动机安装在同一母线上时，按最先启动一台容量最大的电动机进行计算

B. 异步电动机安装在同一母线上时，按最后启动一台容量最大的电动机进行计算

C. 异步电动机与同步电动机混接于同一母线上时，按异步电动机全部启动后，再启动一台最小容量同步电动机考虑计算

D. 异步电动机与同步电动机混接于同一母线上时，按异步电动机全部启动后，再启动一台最大容量同步电动机考虑计算

答案：C

37. 下列关于电动机运行中的监视内容描述错误的是(　　)。

A. 温度监视和振动情况监视　　B. 电压、电流监视

C. 电机运行中的内部结构监视　　D. 电机运行中的声音和气味监视

答案：C

38. 下列关于中央信号系统的描述错误的是(　　)。

A. 泵站中央信号系统是泵站监控系统的一部分

B. 泵站中央信号系统是监视泵站电气设备运行的一种信号装置

C. 泵站中央信号系统由事故信号和音响信号两部分组成

D. 泵站中央信号系统根据电气设备的故障特点发出声响和灯光信号

答案：C

39. 下列关于电动机常见故障的描述错误的是(　　)。

A. 电动机轴承过热　　B. 电动机振动

C. 电动机空载或负载运行时，电压表指针频繁大幅度来回摆动

D. 电动机外壳带电

答案：C

40. 检修时对与被检修的设备对应的刀闸、开关，必须挂(　　)的警示牌后，方可进行检修。

A.“在此工作”　　B.“高压危险，止步”　　C.“有人工作，禁止送电”　D.“严禁烟火”

答案：C

41. 泵站主机组运行操作方式中，下列不属于按操作场所划分的是(　　)。

A. 机旁操作　　B. 集中控制操作　　C. 远程操作　　D. 室内操作

答案：D

42. 关于对发热接头的处理，下列描述错误的是(　　)。

A. 处理氧化面用砂纸、砂布等打磨用品

B. 打磨后处理好光洁度

C. 连接紧固后测量电阻值

D. 电阻值与同长度、同金属导体的电阻值的比值不大于 1.1 为标准

答案：D

43. 机组停机时，在电动机主开关跳闸后，真空破坏阀应立即动作，且应保证全部打开的时间控制在(　　)之内。

A. 2s　　B. 3s　　C. 4s　　D. 5s

答案：D

44. 汛期泵站运行人员须贯彻落实(　　)内容。

A. 爱岗敬业　　B. 泵站标准化　　C. 泵站运行方案　　D. 值班日志

答案：C

45. 汛期泵站各类节门、拍门和闸阀门应动作灵敏可靠，正常运转时应保持在(　　)开启状态，闭水时应达到100%关闭状态，指示装置准确完好。

A. 70%　　B. 80%　　C. 90%　　D. 100%

答案：D

46. 潜水泵运行标准规定，水泵电缆不得粘油脂污物，不得打死弯儿，(　　)做起吊使用。

A. 辅助　　B. 可以　　C. 不得　　D. 必要时可以

答案：C

47. 下列关于润滑油的混用的说法不正确的是(　　)。

A. 齿轮油不能与蜗杆蜗轮油相混

B. 抗氨汽轮机油不得与其他汽轮机油相混

C. 有抗乳化性能要求的油品不得与无抗乳化要求的油品相混

D. 同一厂家、同种、不同牌号产品不能相混

答案：D

48. 施工现场内特别潮湿的场所、导电良好的环境、锅炉或金属容器中照明的电源电压不得大于(　　)。

A. 12V　　B. 24V　　C. 36V　　D. 220V

答案：A

49. 给水泵站选泵的要点是：①大小兼顾、调配灵活；②型号整齐、(　　)；③合理用尽各水泵的高效段。

A. 便于维护　　B. 互为备用　　C. 操作方便　　D. 泵房布置整齐

答案：A

50. 水泵机组布置中，相邻两个机组及机组至墙壁间的净距，在电动机容量不大于55kW时，不小于0.8m；电动机容量大于55kW时，不小于(　　)。

A. 1.2m　　B. 1.8m　　C. 2.0m　　D. 2.2m

答案：A

51. 两台不同型号的离心泵串联工作时，流量大的泵必须放第一级向流量小的泵供水，主要是防止(　　)。但串联在后面的小泵必须坚固，否则会引起损坏。

A. 超负荷　　B. 气蚀　　C. 转速太快　　D. 安装高度不够

答案：A

52. 两台离心式水泵串联工作，串联泵的设计流量应是接近的，否则就不能保证两台泵在高效率下运行，有可能引起容量较小的泵产生超负荷，容量大的泵(　　)。

A. 不能发挥作用　　B. 转速过低　　C. 流量过大　　D. 扬程太低

答案：C

53. 两台同型号水泵在外界条件相同的情况下并联工作，在并联工况点的出水量比一台泵工作时的出水量(　　)。

A. 成倍增加　　B. 增加幅度不明显

C. 大幅度增加但不是成倍增加　　D. 不增加

答案：C

二、多选题

1. 使用万用表时要注意(　　)。

A. 测电流、电压之前要机械调零
B. 测电流、电压时，最好使指针在中间位置
C. 测电阻转换挡位时，要欧姆调零
D. 测量完毕，开关置于最高电压挡

答案：ACD

2. 下列有关欧姆表的标尺刻度说法错误的是(　　)。

A. 与电流表刻度是相同的，而且是均匀的
B. 与电流表刻度是相同的，而且是不均匀的
C. 与电流表刻度是相反的，而且是均匀的
D. 与电流表刻度是相反的，而且是不均匀的

答案：ABC

3. 测量中等电阻的阻值，可以选用(　　)。

A. 万用表　B. 单臂电桥　C. 双臂电桥　D. 兆欧表

答案：AB

4. 交流电动机的试验内容主要包括(　　)。

A. 绝缘电阻的测定　B. 绕组直流电阻的测定　C. 接地电阻的测定　D. 耐压试验

答案：ABD

5. 下列关于高压电动机泄漏电流的试验方法的说法正确的是(　　)。

A. 泄漏电流试验与摇表测量绝缘电阻的原理是相同的
B. 测泄漏电流时，施加的是交流电压
C. 测泄漏电流时，施加的直流电压等级根据电动机的额定电压而定
D. 测泄漏电流时，施加电压的时间是60s

答案：ACD

6. 在变电站中，可用来调节电网的无功功率的设备是(　　)。

A. 绕线式电动机　B. 鼠笼式电动机　C. 同步电动机　D. 并联电容器

答案：CD

7. 同步电机主要由(　　)组成。

A. 定子　B. 离合器　C. 转子　D. 励磁回路

答案：ACD

8. 同步电机的特点是(　　)。

A. 机械特性为绝对硬特性，故转速恒定
B. 没有启动转矩
C. 调节励磁电流可改变其运行特性
D. 没有启动电流

答案：ABC

9. 凸极式同步电动机转子的基本结构特点是(　　)。

A. 转子呈圆柱形，没有明显的磁极
B. 转子有明显的磁极
C. 转子有励磁绕组
D. 励磁电流为直流电

答案：BCD

10. 同步发电机按不同的励磁连接方式分为(　　)。

A. 同轴直流发电机励磁
B. 晶闸管整流器励磁
C. 变压器励磁
D. 交流励磁

答案：AB

11. 异步启动时，同步电动机的励磁绕组不能直接短路，否则(　　)。

A. 将导致电流太大、电机发热
B. 将产生高电势，影响人身安全
C. 将发生漏电现象，影响人身安全
D. 转速无法上升到接近同步转速，不能正常启动

答案：AD

12. 直流耐压试验中微安表可接于(　　)。

A. 试验变压器高压侧出线端
B. 试验变压器高压侧接地端
C. 被试品接地端
D. 试验变压器低压侧接地端

答案：ABC

13. 做交流耐压试验应注意(　　)。

A. 接线是否正确，调压器是否处于零位　　B. 试验电压应从零逐渐加起
C. 交流耐压试验完成后再做非破坏性试验　　D. 试验结束后应将电压突然降至零
答案：AB

14. 检测直流电机电枢绕组接地故障时，将直流低压电源接到相隔近一个极距的两个换向片上，测量换向片和轴的压降，若某处的压降(　　)，则与该换向片连接的电枢线圈有接地故障。
A. 为全电压　　B. 为1/2全电压　　C. 为零　　D. 甚微
答案：CD

15. 关于电流表和电压表的使用，下列说法正确的是(　　)。
A. 如不能估计被测电压、电流的大小，可取电表的任意两个接线柱进行试触
B. 电压表可直接测量电源电压，而电流表不能直接接在电源两极间
C. 测量前都必须选择合适的量程
D. 都必须使电流从“+”接线柱流进电表，从“-”接线柱流出
答案：BCD

16. 负载时，直流电机的气隙磁场包括(　　)。
A. 定子绕组电流产生的主磁场　　B. 定子绕组电流产生的漏磁场
C. 电枢绕组电流产生的漏磁场　　D. 电枢绕组电流产生的电枢反应磁场
答案：ABCD

17. 关于凸极同步发电机短路，下列描述正确的有(　　)。
A. 正序阻抗是固定的　　B. 不对称短路时，负序阻抗本质上是周期变化的
C. 忽然短路电流大于稳定短路电流　　D. 对称短路时，电流为直轴去磁
答案：ABCD

18. 关于对称分量变换、dq0变换、MT0变换、120变换，下列说法正确的有(　　)。
A. 对称分量变换前后的物理量为相量　　B. dq0变换为相量变换
C. 对称分量变换、120变换具有相同的变换矩阵　　D. MT0变换专用于同步电机分析
答案：AC

19. 感应电机多为隐极，下列关于其有关电感的描述正确的有(　　)。
A. 定子两相间的互感不随时间变化　　B. 定子自感不随时间变化
C. 转子两相间的互感不随时间变化　　D. 转子自感不随时间变化
答案：ABCD

20. 下列关于凸极同步电机有关电感的描述正确的有(　　)。
A. 定子两相之间的互感是时变的　　B. 定子自感是时变的
C. 定子与转子间的互感是时变的　　D. 转子自感是时变的
答案：ABC

21. 实现有源逆变的条件为(　　)。
A. $|U_d|<|E|$　　B. $|U_d|>|E|$　　C. $\beta<90°$　　D. $\beta>90°$
答案：AC

22. 交—交变频器适用于(　　)的场合。
A. 低速　　B. 高速　　C. 小容量　　D. 大容量
答案：AD

23. 变频调速广泛应用于(　　)的场合。
A. 异步电动机调速运行　　B. 要频繁启动、停车
C. 高频电动机高速运行　　D. 不用接触器可实现星—三角控制
答案：ABC

24. 调节电压型逆变电路输出电压的方式有(　　)。
A. 调节直流侧电压　　B. 移相调压　　C. 调节负载大小　　D. 脉冲调制调压
答案：ABD

25. 变频器中，半控桥逆变电路的缺点是(　　)。

A. 输出交流电压的幅值 U_m 较低，仅为 $U_d/2$　B. 需要分压电容器

C. 控制复杂　D. 需要分压电阻

答案：AB

26. 电力晶闸管电压型逆变电路输出电压的方式有(　　)。

A. 调节直流侧电压　B. 移相调压　C. 脉幅调压　D. 脉宽调压

答案：ABC

27. 继电保护的基本要求有(　　)等。

A. 安全性　B. 选择性　C. 快速性　D. 灵敏性

答案：BCD

28. 电磁式继电保护装置通常由(　　)组成。

A. 测量部分　B. 逻辑部分　C. 执行部分　D. 电源装置

答案：ABC

29. 晶体管型继电器电压形成的回路由(　　)组成。

A. 信号发生器　B. 电压变换器　C. 电流变换器　D. 电感变压器

答案：BCD

30. 泵站直管式或屈膝式出水流道一般选用的断流方式是(　　)。

A. 拍门断流　B. 真空破坏阀断流　C. 快速闸门断流

D. 截止阀门断流　E. 工作闸门断流

答案：AC

31. (　　)情况下不适合采用虹吸断流方式。

A. 出口水位变幅较大　B. 出口水位变幅不大　C. 水泵口径很大

D. 水泵口径较小　E. 进口水位变幅较大

答案：AC

32. 采用虹吸断流的泵站，为了缩短轴流泵机组启动不稳定的时间，常常采用抽真空手段，减小启动扬程，这个办法导致的结果是(　　)。

A. 延长启动时间　B. 要求出水流道止水严密，不漏气　C. 机组振动大

D. 效率下降　E. 抗气蚀性能差

答案：AB

33. (　　)属于泵站采用拍门断流方式的优点。

A. 结构简单　B. 安装方便　C. 运行可靠

D. 机组启动时扬程较低　E. 启动过程不稳定、时间长

答案：ABCD

34. (　　)属于泵站采用拍门断流方式的缺点。

A. 启动过程不稳定、时间长　B. 检修比较困难　C. 水力损失相对较大

D. 停机时拍门撞击力大　E. 机组启动时扬程较高

答案：BCD

35. 快速闸门断流的控制方式可以分为(　　)。

A. 卷扬机快速闸门断流　B. 液压快速闸门断流　C. 螺杆机快速闸门断流

D. 移动启闭机快速闸门断流　E. 机械快速闸门断流

答案：AB

36. 快速闸门断流控制方式的特点有(　　)。

A. 出水阻力损失很小　B. 闸门可以全开　C. 闸门在水中稳定

D. 闭门撞击力小　E. 设备造价低

答案：ABCD

37. 卷扬式快速闸门断流的主要缺陷有(　　)。

A. 闸门快速关闭时间很难控制　　B. 离心限速装置使用寿命短
C. 造价高　　D. 安全性较差　　E. 操作控制复杂
答案：ABD
38. 使用KQ系列卷扬式快速闸门启闭机智能控制器，可大大改善传统卷扬式启闭机快速关闭闸门的过程。其主要特点有(　　)。
A. 可精准控制启闭时间和速度，最大限度地保障机组和闸门的安全
B. 可实现对闸门底部橡胶减震装置以及闸槽底板的零冲击保护
C. 不需要额外的限速装置，可提高系统的免维护特性
D. 操作管理简单，节省投资　　E. 可实现远程控制，自动化程度高
答案：ABC
39. 液压快速闸门断流与卷扬机快速闸门断流相比，具有的特点是(　　)。
A. 减震效果好　　B. 运行可靠　　C. 维修方便
D. 系统简单　　E. 造价较高
答案：ABE
40. 采用筒式液压油缸启闭闸门时，为了控制闸门下降速度和闸门对闸槽底板的冲击，设置的相关保护装置有(　　)。
A. 活塞下部的缓冲装置　　B. 电机调速装置　　C. 闸门底部橡胶减震装置
D. 制动装置　　E. 限位装置
答案：AC
41. 下列属于拍门结构主要组成部分的有(　　)。
A. 通气孔　　B. 止水橡皮与缓冲装置　　C. 门座
D. 合金拍门　　E. 铰链
答案：ABCE
42. 较大的拍门目前常用的缓冲装置有(　　)。
A. 水缸　　B. 气垫　　C. 弹簧
D. 油缸　　E. 橡皮
答案：AD
43. 泵站拍门操作的注意事项有(　　)。
A. 尽量减小拍门的开启角度　　B. 尽量减小拍门关闭时的撞击力
C. 确保拍门密封完好　　D. 加强拍门的维护　　E. 尽量减小拍门开启时的冲击力
答案：BCD
44. 在每年灌排结束后，要放下拍门前的检修门，排掉检修门与拍门之间的水，然后进行拍门检修，主要内容有(　　)。
A. 将松动的螺栓、轴销、销钉拧紧，配齐缺少的零件
B. 检查门体有无变形、裂纹以及锈蚀情况，并酌情进行处理
C. 对强度不够的门体进行加固处理
D. 检查止水橡皮有无损坏、脱落现象
E. 对安置角进行调整
答案：ABCD
45. 闸门预埋件必须达到的要求是(　　)。
A. 能将闸门所承受的载荷安全地传递到混凝土中去　　B. 能与门体配合良好　　C. 保证启闭自如
D. 保证止水良好　　E. 维修更换方便
答案：ABCD
46. 闸门埋件经常处于水下和受高速水流冲刷及其他外力作用，很容易出现一些缺陷，尤其要注意埋件容易出现的问题有(　　)。
A. 锈蚀　　B. 气蚀　　C. 折断

D. 磨损　　E. 变形

答案：ABDE

47. 支承工作轮的轨道，如有(　　)造成的缺陷，应做补强处理。

A. 缺损　　B. 锈蚀　　C. 磨损

D. 气蚀　　E. 断裂

答案：BCD

48. 胸墙檐板和侧止水座板发生锈蚀时，一般可采用的护面方式有(　　)。

A. 喷镀铬　　B. 喷锌　　C. 涂刷油漆涂料

D. 涂抹油脂　　E. 涂刷环氧树脂涂料

答案：ABCE

49. 橡皮止水检修主要内容包括(　　)。

A. 更换新件　　B. 更新止水埋件　　C. 离缝加垫

D. 加止水条　　E. 局部修理

答案：ACE

50. 如止水橡皮局部撕裂，可将止水橡皮损坏部分割除，换上相同规格尺寸的新止水橡皮。新旧止水橡皮接头的处理方法有(　　)。

A. 将接头切割成斜面(可与止水柱面成45°)　　B. 将其表面锉毛，涂上黏合剂黏合压紧

C. 采用生胶热压法胶合　　D. 将接头切割成齿面　　E. 采用连接夹板夹紧

答案：ABC

51. 无损探伤检验是非破坏性检验中的一种特殊检验方式，其主要检测方法有(　　)。

A. 磁粉探伤　　B. 渗透探伤　　C. 射线探伤

D. 荧光检验　　E. 磁粉检验

答案：ABCDE

52. 射线探伤具有其他检验方法所无法媲美的优势，其适用范围包括(　　)。

A. 任何材质(无论有无磁性)　　B. 任何厚度

C. 任何形状　　D. 任何表面状态　　E. 任何缺陷形式

答案：ABCD

53. 磁粉检验适用于(　　)的检验。

A. 薄壁件裂纹　　B. 焊缝气孔　　C. 焊缝表面裂纹

D. 焊缝夹渣　　E. 隐藏在深处的缺陷

答案：AC

54. 螺杆启闭机螺杆被压弯的主要原因有(　　)。

A. 过载保护没有调节好　　B. 闸门摩阻过大　　C. 闸门重量过大

D. 行程开关未调节好　　E. 启闭机闭门力大

答案：ABD

55. 超越摩擦片式安全联轴器的组成部分有(　　)。

A. 片式摩擦联轴器　　B. 钢片式摩擦联轴器　　C. 齿片式摩擦联轴器

D. 滑动式摩擦联轴器　　E. 超越离合器

答案：AE

56. 为防止螺杆弯曲，电动和手电两用的螺杆启闭机均应装设过载保护装置，常用的闭门过载保护装置有(　　)。

A. 磁粉式安全联轴器　　B. 钢球式安全联轴器　　C. 液压式安全联轴器

D. 超越摩擦片式安全联轴器　　E. 牙嵌式安全联轴器

答案：DE

57. 回转式清污机的常见故障主要有(　　)。

A. 链条在链轮处爬齿或脱齿　　B. 栅体回转链条拉断　　C. 传动机构安全销被频繁剪断

D. 控制电气故障频繁发生　　E. 齿耙钢管弯曲变形

答案：ABCE

58. 栅体回转链条被拉断的主要原因是(　　)。

A. 齿耙钢管弯曲变形，强迫链条脱轨以至被拉断　　B. 清污机动力过大

C. 链条厚度尺寸不够　　D. 链条强度不满足要求　　E. 链条材料差

答案：ACDE

三、简答题

1. 简述通过哪些现象可以判断泵出口阀出现故障。

答：(1)电流下降：电流突然下降后稳定在一定值。(2)压力升高：压力突然升高并有继续升高的趋势。(3)泵体外壳发热，温度很高。

2. 简述水泵机组及附属设备启动前须做的检查。

答：(1)水泵的启动前检查；(2)高低压开关柜的启动前检查；(3)变压器的启动前检查；(4)高压断路器的启动前检查；(5)格栅机的启动前检查

3. 简述水泵启动后出水量少的原因。

答：(1)出水阀未开或因故障开得很小；(2)泵的出口总扬程超过额定扬程；(3)底阀有阻塞现象；(4)密封环磨损造成间隙过大；(5)叶轮因气蚀造成穿孔；(6)叶轮内有异物。

4. 简述零部件失效的定义。

答：零部件由于某种原因，其尺寸、形状或材料的组织与性能发生变化而不能完满地完成指定的任务。

5. 简述造成机械零部件失效的主要原因。

答：(1)设计不合理；(2)选材不合理；(3)加工工艺不合理；(4)安装使用不当。

6. 简述机械零部件常见的失效形式。

答：断裂失效、磨损失效、腐蚀失效、变形失效。

7. 简述设备点检的定义。

答："点"是指设备的关键部位，通过检查这些"点"，就能及时准确地获得设备技术状况的信息，这就是点检的基本含义。

8. 简述故障产生的主要原因。

答：(1)错用性故障：不按规定的条件使用机械而导致的故障。

(2)先天性故障：机械因设计、制造、选用材料不当等原因造成某些环节薄弱而引发的故障。

(3)自然性故障：机械由内外部自然因素引起磨损、老化、疲劳等现象而导致的故障。

四、实操题

1. 进行倒闸操作：2 号变压器退出，1 号变压器清扫完毕，恢复运行。

考核细则如下：

(1)是否正确填写《倒闸工作票》。

(2)单线图上是否注明带电部位及接地部位。

(3)操作顺序是否正确。

(4)是否遵守操作组织措施和技术措施。

(5)是否正确使用验电器、放电棒、接地线和绝缘手套。

(6)是否熟悉安全距离。

(7)是否正确悬挂警告牌。

(8)是否带负荷拉刀闸。

(9)是否违反安全操作规定。

2. 混流泵运行前、中、后的管理要求。

考核细则如下：

(1)运行前的准备工作。

(2)运行中的巡视、检查工作。

(3)运行后应做的工作。

(4)是否正确识读电压表、电流表、兆欧表。

(5)是否正确使用72型防毒面具。

(6)是否正确使用灭火器。

(7)是否懂得火灾的应急处理方法。

(8)是否违反安全操作规定。

3. 三相异步电机头尾判别并做三角形连接。

考核细则如下:

(1)是否熟练区分三相绕组。

(2)是否正确判定三相头尾。

(3)是否熟练地把三相绕组做三角形连接。

(4)是否正确使用电桥。

(5)是否正确使用工具。

4. 简述离心泵开车前的准备工作。

答:(1)用手慢慢转动联轴器或带轮,观察水泵转动是否灵活、平稳,泵内有无杂物,是否发生碰撞;轴承有无杂声或松紧不均匀等现象;填料松紧是否适宜;传动皮带松紧是否适度。如有异常,应先进行调整。

(2)检查并紧固所有螺栓、螺钉。

(3)检查轴承中的润滑油或润滑脂是否纯净,不纯净应更换。润滑脂的加入量以轴承室体积的2/3为宜。

(4)检查电动机引入导线的连接,确保水泵旋转方向正常。正常工作前,可开车检查转向,如转向相反,应及时停车,并任意换接两根电动机引入导线的位置。

(5)离心泵启动前应关闭闸阀,启动后闸阀关闭时间不宜过久,一般为3~5min,以免水在泵内循环发热,损坏机件。

(6)须灌引水的抽水装置应灌引水。在灌引水时,用手转动联轴器或带轮,使叶轮内空气排尽。

5. 简述潜水泵运行中的注意事项。

答:(1)潜水泵在无水的情况下试运转时,运转时间严禁超过额定时间。吸水池的容积能保证潜水泵开启时和运行中水位较高,以确保电动机的冷却效果和避免因水位波动太大造成的频繁启动和停机,大中型潜水泵的频繁启动对泵的性能影响很大。

(2)当湿度传感器或温度传感器发出报警,或泵体运转时出现振动、噪声等异常情况,或输出水量水压下降、电能消耗显著上升时,应当立即对潜水泵进行停机检修。

(3)有些密封不好的潜水泵长期浸泡在水中,即使不使用,绝缘值也会逐渐下降,最终无法使用,甚至会在比连续运转的潜水泵在水中的工作时间还短的时间内发生绝缘消失的现象。因此,潜水泵在吸水池内备用,有时起不到备用的作用。如果条件允许,潜水泵可以在池外干式备用,等运行中的某台潜水泵出现故障时,立即停机提升上来后,再将备用泵放下去。

(4)潜水泵不能过于频繁开、停,否则将影响使用寿命。潜水泵停止运行时,管路内的水产生回流,此时立即再启动则会引起负载过重,并承受不必要的冲击载荷;另外,潜水泵过于频繁开、停将损坏承受冲击能力较差的零部件,并导致整个水泵的损坏。

(5)停机后,在电动机完全停止运转前,不能重新启动。

(6)检查电泵时必须切断电源。

6. 简述回转式机械格栅的日常维护。

答:(1)检查整机运行是否平衡,是否存在异响。

(2)检查耙齿是否存在异物缠绕现象,如存在要立即清除。

(3)检查轴承座、传动链条润滑情况,每月加注润滑脂。

(4)检查电路系统是否完好,检查启动开关、紧急停机按钮是否正常。

(5)检查减速机齿轮油油量及油质是否正常,每运行500h或半年更换齿轮油。

7. 简述油刷踏步应符合的要求。

答：(1)油刷工作宜在春秋两季进行。

(2)踏步涂漆应自下而上进行，涂漆要逐个进行；井上的人手提油漆桶放在适当的高度，并随井下作业人员位置的改变而移动；油漆内应加稀料，调和适当；作业时禁止明火。

(3)涂漆应由底面、侧面、根部、上面依次涂抹至均匀为止。

(4)踏步在未干前严禁踩踏。

8. 简述调蓄池、集水池日常养护的内容。

答：(1)定期抽低水位，冲洗池壁。

(2)检查水位标尺和液位计是否正常，保持标尺和液位计表面的整洁。

(3)检查池底沉积物是否影响流槽的进水。

(4)检查池壁混凝土有无严重剥落、裂缝、腐蚀现象。

(5)水尺、标志牌、警示牌表面应保持完好、洁净、醒目，每月应擦洗1次；每年校核1次水尺的数值，保证测量准确。

(6)调蓄池、集水池地面上方设置的金属护栏、栏杆、爬梯等表面应保持清洁、无破损；须涂刷油漆的，应定期涂刷油漆，每年1次。

(7)每年汛期前后应清理初期池、集水池、调蓄池及相关配水渠道，确保无积泥和附着物。

第三章

高 级 工

第一节 安全知识

一、单选题

1. 隐患排查实行岗位查、车间或业务部室级查、厂或分公司级查模式，对应的检查周期分别为(　　)。

A. 日、周、月　　B. 周、月、季度　　C. 日、周、季度　　D. 日、月、季度

答案：A

2. 根据《中华人民共和国突发事件应对法》的规定，可以预警的突发事件的预警级别分为四级，即一级、二级、三级和四级，分别用(　　)颜色标示。

A. 红、橙、黄、蓝　　B. 红、黄、橙、绿　　C. 红、黄、绿、蓝　　D. 黄、红、橙、蓝

答案：A

3. 依据《生产安全事故报告和调查处理条例》的规定，事故发生单位负责人接到事故报告后，应当在(　　)内向政府有关部门报告。

A. 1h　　B. 2h　　C. 12h　　D. 24h

答案：A

4. 工频条件下，人的摆脱电流约为(　　)。

A. 1mA　　B. 10mA　　C. 100mA　　D. 10A

答案：B

5. 在雷雨天气，跨步电压电击危险性较小的位置是(　　)。

A. 大树下方　　B. 高墙旁边　　C. 电杆旁边　　D. 高大建筑物内

答案：D

6. 依据《中华人民共和国安全生产法》的规定，生产经营单位应当在有较大危险因素的生产经营场所和有关设施、设备上，设置明显的(　　)。

A. 安全使用标志　　B. 安全警示标志　　C. 安全合格标志　　D. 安全检验检测标志

答案：B

7. 手持照明工具的电压应不大于(　　)；在有积水的地下有限空间作业，手持照明电压应不大于(　　)。

A. 12V，24V　　B. 24V，12V　　C. 24V，36V　　D. 36V，24V

答案：B

8. 驾驶机动车在道路上靠路边停车过程中应(　　)。

A. 变换使用远近光灯　　B. 不用指示灯提示　　C. 开启危险报警闪光灯　　D. 提前开启右转向灯

答案：D

9. 交通肇事致一人以上重伤，负事故全部或者主要责任，并具有(　　)行为的，构成交通肇事罪。

A. 未报警　　B. 未抢救受伤人员

C. 酒后、吸食毒品后驾驶机动车辆　　D. 未带驾驶证

答案：D

10. 机动车在高速公路上发生故障时，警告标志应当设置在故障车来车方向(　　)以外。

A. 50m　　B. 100m　　C. 150m　　D. 200m

答案：C

11. 临时停车要求车身右侧紧靠道路边缘，同时开启(　　)。

A. 右转弯灯　　B. 左转弯灯　　C. 雾灯　　D. 危险报警闪光灯

答案：D

12. 反应时间是指人从机器或外界获得信息，经过大脑加工分析发出指令到运动器官，运动器官开始执行动作所需的时间。一般条件下，人的反应时间约为(　　)。

A. 0.05 ~ 0.1s　　B. 0.5 ~ 1s　　C. 1 ~ 3s　　D. 3 ~ 5s

答案：B

13. 人在作业时能量消耗增加，需氧量随之增加。人体每分钟内能供应的最大氧量称为最大耗氧量。正常成人的最大耗氧量一般不超过(　　)。

A. 1L/min　　B. 2L/min　　C. 3L/min　　D. 5L/min

答案：C

14. 人在观察物体时，由于视网膜受到光线的刺激，使得视觉印象与物体的实际大小、形状等存在差异。这种现象称为(　　)。

A. 明适应　　B. 暗适应　　C. 眩光　　D. 视错觉

答案：D

15. 进入某深 8m、体积约 150m^3 的检查室作业，应使用(　　)进行坠落防护。

A. 安全带　　B. 安全带、8m 安全绳、安全挂点

C. 安全带、10m 安全绳　　D. 安全带、速差器、安全挂点

答案：D

16. 依据《中华人民共和国安全生产法》的规定，从业人员应当接受安全生产教育和培训，掌握本职工作所需的安全生产知识，提高(　　)，增强事故预防和应急处理能力。

A. 安全生产技能　　B. 安全素质　　C. 安全生产意识　　D. 安全培训技能

答案：A

17. 立即威胁生命和健康的浓度的缩略语是(　　)。

A. IDLH　　B. PC-TWA　　C. PC-STEL　　D. MAC

答案：A

18. 下列属于有害环境的是(　　)。

A. 可燃性气体、蒸气和气溶胶的浓度低于爆炸下限的 10%

B. 空气中爆炸性粉尘浓度低于爆炸下限

C. 空气中氧含量低于 19.5% 或超过 23.5%

D. 空气中有害物质的浓度低于工作场所有害因素职业接触限值

答案：C

19. 使用汽油发电机时不会产生的危险有害因素是(　　)。

A. 氮氧化物　　B. 硫化氢　　C. 一氧化碳　　D. 二氧化碳

答案：B

20. 火灾危险环境分为有可燃液体存在的 21 区、有可燃粉体或纤维存在的 22 区和有可燃固体存在的 23 区。23 区固定安装电器的防护等级不得低于(　　)。

A. IP21　　B. IP22　　C. IP32　　D. IP44

答案：D

21. 对易燃易爆气体混合物，如果初始温度增高，则下列关于其爆炸极限的说法中，正确的是(　　)。

A. 爆炸下限增高，爆炸上限增高　　B. 爆炸下限降低，爆炸上限降低

C. 爆炸下限降低，爆炸上限增高　D. 爆炸下限增高，爆炸上限降低

答案：C

22. 爆炸容器材料的传热性越好，爆炸极限范围(　　)。

A. 越大　B. 越小　C. 不变　D. 变化无规律

答案：B

23. 乙炔是一种(　　)气体。

A. 易燃易爆　B. 易燃不易爆　C. 可燃不易爆　D. 不可燃

答案：A

24. 发生电伤时，电流(　　)。

A. 通过人体　B. 不通过人体　C. 只通过表皮　D. 少量通过人体

答案：B

25. 电流通过人体的持续时间越短，则对人体的伤害程度(　　)。

A. 越大　B. 越小　C. 无影响　D. 无规律性变化

答案：B

26. 大部分的触电死亡事故是(　　)造成的。

A. 电伤　B. 摆脱电流　C. 电击　D. 电烧伤

答案：C

27. 在一般情况下，人体电阻可以按(　　)考虑。

A. 50 ~ 100Ω　B. 800 ~ 1000Ω　C. 100 ~ 500kΩ　D. 1 ~ 5MΩ

答案：B

28. 在易燃易爆场所作业不能穿(　　)。

A. 尼龙工作服　B. 棉布工作服　C. 防静电服　D. 耐高温鞋

答案：A

29. 有限空间作业事故多发生在(　　)。

A. 贮罐　B. 污水井、化粪池　C. 反应釜　D. 地下室

答案：B

30. 空气中氧的体积百分比低于(　　)就是缺氧环境。

A. 12%　B. 15%　C. 19.5%　D. 20%

答案：C

31. 硫化氢的颜色为(　　)。

A. 白色　B. 黄色　C. 无色　D. 黑色

答案：B

32. 硫化氢的最高容许浓度为(　　)。

A. $8mg/m^3$　B. $10mg/m^3$　C. $15mg/m^3$　D. $20mg/m^3$

答案：B

33. 硫化氢主要经(　　)进入人体。

A. 消化道　B. 皮肤　C. 呼吸道　D. 口腔

答案：A

34. 对比重比空气重的有毒有害气体存在的有限空间使用风机进行通风换气时，应选择有限空间的(　　)。

A. 中下部　B. 中上部　C. 上部　D. 以上均正确

答案：A

35. 气体检测报警仪每(　　)须经检测检验机构检验，合格后方可使用。

A. 半年　B. 1 年　C. 2 年　D. 3 年

答案：B

36. 管廊的安全出入口不应少于(　　)。

A. 1 个　B. 2 个　C. 3 个　D. 4 个

答案：B

37. 厂区内消防器材及设施应指派专人负责保养，(　　)检查1次并做好记录，发现问题及时维修、更换。

A. 每周　　B. 每月　　C. 每季度　　D. 不定期

答案：B

38. 高处作业时梯子如果必须接长使用，应有可靠的连接措施，且接头不得超过(　　)。连接后梯梁的强度不应低于单梯梯梁的强度。

A. 1处　　B. 2处　　C. 3处　　D. 4处

答案：A

39. 利用两台或多台起重机械吊运同一重物时，升降、运行应保持同步；各台起重机械所承受的载荷不得超过各自额定起重能力的(　　)。

A. 50%　　B. 60%　　C. 70%　　D. 80%

答案：D

40. 安全带的使用期限为(　　)，发现异常应提前报废。

A. 3~5年　　B. 4~6年　　C. 5~7年　　D. 6~8年

答案：A

41. 当有人被烧伤时，正确的急救方法应该是(　　)。

A. 以最快的速度用冷水冲洗烧伤部位　　B. 立即用嘴或风扇吹被烧伤部位

C. 包扎后立即去医院诊治　　D. 无须处理，尽快去医院诊治

答案：A

42. 伤员较大动脉出血时，可采用指压止血法，用拇指压住伤口的(　　)动脉，阻断动脉运动，达到快速止血的目的。

A. 血管下方　　B. 近心端　　C. 远心端　　D. 血管上方

答案：B

43. TN-S系统属于(　　)系统。

A. PE线与N线全部分开的保护接零　　B. PE线与N线共用的保护接零

C. PE线与N线前段共用后段分开的保护接零　　D. 保护接地

答案：A

44. 保险丝在电路中起(　　)保护作用。

A. 欠电压　　B. 过电压　　C. 短路　　D. 欠电流

答案：C

45. 在架空线路附近进行起重工作时，起重机具与10kV线路导线之间的最小距离为(　　)。

A. 0.35m　　B. 0.7m　　C. 1.0m　　D. 2.0m

答案：D

46. (　　)组合是在低压操作中使用的基本安全用具。

A. 绝缘手套、试电笔、带绝缘柄的工具　　B. 绝缘鞋、试电笔、带绝缘柄的工具

C. 试电笔、绝缘靴、绝缘垫　　D. 绝缘手套、试电笔、绝缘鞋

答案：A

47. 高压绝缘手套和高压绝缘靴试验包括(　　)。

A. 绝缘电阻试验和耐压试验　　B. 交流耐压试验和泄漏电流试验

C. 绝缘电阻试验和泄漏电流试验　　D. 绝缘电阻试验、耐压试验和泄漏电流试验

答案：B

48. 临近10kV带电设备作业，无遮拦时，人与带电体的距离不得小于(　　)。

A. 0.35m　　B. 0.45m　　C. 0.55m　　D. 0.7m

答案：D

49. 干式变压器绕组F级绝缘温度的温升限值为(　　)。

A. 60℃　　B. 80℃　　C. 90℃　　D. 100℃

答案：D

50. 落地安装的配电柜(箱)底面应高出地面(　　)。

A. 10 ~ 20mm　　B. 20 ~ 50mm　　C. 50 ~ 100mm　　D. 80 ~ 150mm

答案：C

51. 移动电动工具的电源线引线长度一般不能超过(　　)。

A. 2m　　B. 3m　　C. 4m　　D. 5m

答案：B

52. 根据物质燃烧的特性，B 类火灾是指(　　)。

A. 固体物质火灾　　B. 金属火灾　　C. 液体物质火灾　　D. 液化石油气火灾

答案：C

53. 有限空间作业的许多危害具有(　　)并难以探测。

A. 隐蔽性　　B. 随机性　　C. 临时性　　D. 多变性

答案：A

54. 采取适当的措施，使燃烧因缺乏或断绝氧气而熄灭，这种方法称作(　　)。

A. 窒息灭火法　　B. 隔离灭火法　　C. 冷却灭火法　　D. 分离灭火法

答案：B

55. 用灭火器进行灭火的最佳位置是(　　)。

A. 下风位置　　B. 上风或侧风位置　　C. 离起火点 10m 以外位置　　D. 离起火点 10m 以内位置

答案：B

56. 依据《中华人民共和国安全生产法》的规定，国家对严重危及生产安全的工艺、设备实施(　　)制度。

A. 审批　　B. 登记　　C. 淘汰　　D. 监管

答案：C

57. 工作场所中有毒有害气体及(　　)不应超过《工作场所有害因素职业接触限值化学有害因素》(GBZ 2.1—2019)中的要求。

A. 有毒气体浓度　　B. 粉尘浓度　　C. 化学品危害　　D. 易燃易爆气体浓度

答案：B

二、多选题

1. 发生(　　)时，作业者应及时向监护者报警或撤离受限空间。

A. 已经意识到身体出现危险症状和体征　　B. 监护者和作业负责人下达了撤离命令

C. 探测到必须撤离的情况　　D. 探测到报警器发出撤离警报

答案：ABCD

2. 机械在使用过程中，典型的危险工况有(　　)。

A. 启动时间偏长　　B. 安全装置失效　　C. 运动零件或工件脱落飞出

D. 运动不能停止或速度失控　　E. 意外启动

答案：BCDE

3. 金属切削机床是用切削方法将毛坯加工成机器零件的装备。金属切削机床的危险部位或危险部件有(　　)。

A. 旋转部件和内旋转咬合部件　　B. 往复运动部件和凸出较长的部件

C. 工作台　　D. 切削刀具　　E. 齿轮箱

答案：ABCD

4. 进入受限空间前，进行职业病危害因素识别和评价必须综合考虑(　　)。

A. 易燃易爆、有毒有害、缺氧、富氧的状况

B. 空间上部及周边附着物等脱落伤人

C. 被突然出现的介质淹没、埋没

D. 电击，高、低温，火灾，烫伤，辐射，噪声，等等

答案：ABCD

5. 某有限空间作业单位在污水管道施工过程中，由于管道老化和管道压力较大，致使管壁爆裂，有毒气体伴随大量污水涌出，导致4名未佩戴任何防护用品的作业人员在管道内晕倒。此时，下列作业单位应采取的措施正确的有(　　)。

A. 拨打110、120，寻求专业救援队伍的救援

B. 迅速向管道内进行强制通风，稀释管道内有毒气体浓度

C. 迅速排出有限空间内的污水，降低作业人员淹溺风险

D. 迅速封堵爆裂管道上游，切断污水来源

答案：ABCD

6. 依据《使用有毒物品作业场所劳动保护条例》的规定，用人单位使用有毒物品的作业场所，除应当符合《中华人民共和国职业病防治法》规定的职业卫生要求外，还必须符合(　　)。

A. 作业场所与生活场所分开，作业场所不得住人

B. 有害作业与无害作业分开，高毒作业场所与其他作业场所隔离

C. 设置有效的通风装置

D. 高毒作业场所设置应急撤离通道和必要的泄险区

E. 设置警戒区，避免闲杂人入内

答案：ABCD

7. 重大事故应急预案的层次有(　　)。

A. 综合预案　　B. 专项预案　　C. 主体预案

D. 现场处置方案　　E. 紧急预案

答案：ABD

三、简答题

1. 简述有限空间的定义及类型。

答：(1)有限空间的定义：有限空间是指封闭或部分封闭，与外界相对隔绝，进出口较为狭窄，自然通风不良，易造成有毒有害、易燃易爆物质积聚或氧含量不足的空间。

(2)有限空间的类型：①密闭设备；②地下有限空间；③地上有限空间。

2. 简述发生电气火灾的处理措施。

答：首先应切断电源；然后用ABC干粉灭火器灭火(精密仪器着火须使用二氧化碳灭火器灭火)，灭火时不要触及电气设备，尤其要注意落在地上的电线，防止触电事故的发生并及时报警。

第二节　理论知识

一、单选题

1. 下列关于闸门阀门的定期维修说法正确的是(　　)。

A. 齿轮箱润滑油脂加注或更换每2年进行1次

B. 应保证行程开关、过扭矩开关及联锁装置完好有效，每年检查和调整1次

C. 应保证电控箱内电气元件完好、无腐蚀，每半年检查1次

D. 应保证连接杆、螺母、导轨、门板的密闭性完好，闭合位移余量适当，每半年检查1次

答案：C

2. 下列关于拍门的定期维修说法正确的是(　　)。

A. 转动销每半年检查或更换1次　　B. 阀板密封圈每2年调换1次

C. 钢质拍门每4年做1次防腐蚀处理　　D. 应确保浮箱拍门箱体无泄漏

答案：D

3. 下列关于闸门日常点检保养记录表说法错误的是(　　)。

A. 每日上班前半小时内完成点检并做好相应记录，不使用、不做点检须用＊标示

B. 每周最后一个工作日实施周保养

C. 一级保养由操作员于每月最后一天完成

D. 有数字记录空格的必须填写数值

答案：A

4. 泵轴弯曲超过原直径的0.05%时，应校正。泵轴和轴套间的同心度误差不应超过(　　)，超过时要重新更换轴套。水泵轴锈蚀或磨损超过原直径的2%时，应更换新轴。

A. 0.01mm　　B. 0.02mm　　C. 0.04mm　　D. 0.05mm

答案：D

5. 离心泵填料函压盖在轴或轴套上应移动自如，压盖内孔和轴或轴套的间隙应保持均匀，磨损不得超过(　　)，超过要嵌补或者更新。

A. 1%　　B. 3%　　C. 4%　　D. 6%

答案：B

6. 轴流泵开车前，水池进水前应设有拦污格栅，避免把杂物带进水泵。水经过拦污格栅的流速以不超过(　　)为宜。

A. 0.1m/s　　B. 0.2m/s　　C. 0.25m/s　　D. 0.3m/s

答案：D

7. 轴流泵启动后不出水或出水量不足，可能的原因是(　　)。

A. 转速过高　　B. 轴安装不同心　　C. 叶片安装角度不一致　　D. 泵布置不当或排列过密

答案：D

8. 泵轴与传动轴的同心度，应用(　　)盘车查看。

A. 塞尺　　B. 钢尺　　C. 百分表　　D. 水准仪

答案：C

9. 泵站内进水电动阀门的启动应采用(　　)线路。

A. 正反转控制　　B. 点动控制　　C. 全压控制　　D. 自锁控制

答案：A

10. 国家相关标准规定，电动机只有在电流电压波动范围为(　　)之内的情况下，方可长期运行。

A. 5%　　B. 10%　　C. 15%　　D. 20%

答案：A

11. 新泵或长期放置的备用泵在启动前，应用电阻表测量定子对外壳的绝缘，其结果应不低于(　　)，否则应对电动机绕组进行烘干处理，提高其绝缘等级。潜水泵出厂时的绝缘电阻值在冷态测量时一般均超过50MΩ。

A. 1MΩ　　B. 2MΩ　　C. 3MΩ　　D. 4MΩ

答案：A

12. 下列关于潜水泵运行操作的描述不正确的是(　　)。

A. 当湿度传感器或温度传感器发出报警时，或泵体运转出现振动、噪声等异常情况时，或输出水量水压下降、电能消耗显著上升时，应当立即对潜水泵进行停机检修

B. 停机后，在电动机完全停止运转前，不能重新启动

C. 潜水泵停止时，有一定能量余存，此时尽快启动潜水泵可节约一定电量

D. 检查电泵时必须切断电源

答案：C

13. 真空高压环网柜停电操作程序有：①分断隔离开关；②分断真空负荷开关；③开启配电柜前门；④闭合接地开关；⑤插入检修隔板。正确的顺序为(　　)。

A. ②①⑤④③　　B. ②①③④⑤　　C. ①②③④⑤　　D. ①②⑤④③

答案：A

14. 下列关于起重机操作及注意事项描述错误的是(　　)。

A. 起吊前，操作人员应首先了解被起吊物件的重量与所操作的天车额定的起吊载荷是否匹配，禁止超载荷吊物

B. 起吊前，要检查并确认天车起吊范围内，除作业人员外无其他人员和障碍物

C. 起重机操作人员起吊时，要手不离控制器，眼不离地面和起吊物件；起吊物件要轻起、轻放，天车行走要平稳

D. 起重机起吊过程中若发生钢丝绳严重磨损、断股和扭成麻花的现象，应立即放下起吊物件，以免发生坠落危险

答案：D

15. 通风机应每年解体维护(　　)，检查轴承磨损程度，必要时更换。

A. 1 次　　B. 2 次　　C. 3 次　　D. 4 次

答案：A

16. 离子法除臭系统定期维护中，离子管每半年应清洗 1 次，干燥后宜进行性能检测，符合技术要求可重复使用，一般每支电离子管累计运行(　　)后须更换。

A. 1000h　　B. 3000h　　C. 5000h　　D. 7000h

答案：C

17. 进退水管线养护标准规定管道内存泥深度不大于管径的(　　)。

A. 20%　　B. 30%　　C. 40%　　D. 50%

答案：A

18. 雨水口内不得留有石块等阻碍排水的杂物，其允许积泥深度应符合：雨水口有沉泥槽时，管底以下(　　)；无沉泥槽时，管底以上(　　)。

A. 40mm，40mm　　B. 50mm，50mm　　C. 60mm，60mm　　D. 70mm，70mm

答案：B

19. 调蓄池、集水池的养护标准是应做到池底沉积物厚度不超过(　　)。

A. 20cm　　B. 30cm　　C. 40cm　　D. 50cm

答案：B

20. 泵站建筑物干缩裂缝和深度小于(　　)、宽度小于 5mm 的纵向裂缝，一般采取封闭缝口处理。

A. 0. 1m　　B. 0. 5m　　C. 1m　　D. 2m

答案：B

21. 下列关于检查井井盖和雨水箅子维护描述正确的是(　　)。

A. 井盖和雨箅子的选用应符合国家标准

B. 井盖的标识必须统一、鲜明、醒目

C. 铸铁井盖应采用新型五防井盖，在井盖易丢失地区可采用混凝土、塑料树脂、有机玻璃等非金属材料的井盖

D. 当发现井盖丢失或损坏后，必须及时安放护栏和警示标志，并应在 2h 内恢复

答案：A

22. 调蓄池、集水池地面上方设置的金属护栏、栏杆、爬梯等表面应保持清洁、无破损；须油漆的，应定期油漆，每(　　)1 次。

A. 半年　　B. 1 年　　C. 2 年　　D. 3 年

答案：B

23. 背水面涂抹法是先将渗漏处混凝土表层凿去(　　)，清除和冲洗表层，再涂抹防水砂浆；或将渗漏部位凿去 5 ~ 10mm，表层冲洗干净后，涂抹环氧水泥砂浆。

A. 10 ~ 20mm　　B. 20 ~ 30mm　　C. 25 ~ 35mm　　D. 30 ~ 40mm

答案：B

24. 柴油发电机组在环境温度低于(　　)时，停机后的机组应采取防冻措施。

A. −5℃　　B. 1℃　　C. 5℃　　D. 10℃

答案：C

25. 变压器运行中会有嗡嗡声，主要是( )产生的。
A. 整流、电路等负荷 B. 零部件振动 C. 线圈振动 D. 铁芯片的磁滞伸缩
答案：D
26. 滚动轴承内、外圈断裂，产生永久性压痕时应予( )。
A. 修理 B. 焊补 C. 更换内、外圈 D. 更换轴承
答案：D
27. 游标卡尺由主尺和附在主尺上能滑动的游标两部分构成，主尺一般以( )为单位。
A. μm B. mm C. cm D. dm
答案：B
28. 水利工程图中不包括( )。
A. 规划图 B. 枢纽布置图 C. 详图 D. 施工图
答案：C
29. 电气图纸中，前言包括设计说明、( )、设备材料明细表、工程经费概预算等。
A. 文字符号 B. 字母代号 C. 设备型号 D. 图例
答案：D
30. 电气平面图主要表示某一电气工程中( )、装置和线路的平面布置。
A. 电气开关 B. 电线电缆 C. 电动机 D. 电气设备
答案：D
31. 电流互感器的文字符号是( )。
A. TA B. TC C. TF D. TV
答案：A
32. 橡胶的主要特征是具有良好的( )。
A. 弹性 B. 强度 C. 拉力 D. 韧度
答案：A
33. 回路是由( )组成的闭合回路。
A. 一条支路 B. 多条支路 C. 两条以上支路 D. 一条或多条支路
答案：D
34. 两个电阻并联，阻值之比为2∶1，则它们消耗的电动率之比为( )。
A. 2∶1 B. 1∶4 C. 1∶2 D. 4∶1
答案：C
35. 正弦交流电电压的有效值等于其最大值的( )。
A. 1/2 倍 B. $1/\sqrt{2}$倍 C. $\sqrt{2}$倍 D. 2 倍
答案：B
36. 变压器、电动机的铁芯是( )。
A. 软磁材料 B. 硬磁材料 C. 矩磁材料 D. 非铁磁材料
答案：A
37. 判断通电导线周围磁场的方向用( )。
A. 左手定则 B. 右手螺旋定则 C. 安培定则 D. 楞次定律
答案：B
38. 正确选择高压电气设备是保障泵站电力系统稳定和安全运行的前提，下列不属于选择高压电气设备的要求的是( )。
A. 绝缘安全可靠
B. 能承受短路电流的热效应和电动力效应
C. 能承受一定自然条件的作用，恶劣天气和恶劣环境下能安全可靠地运行
D. 能在过载情况下长期运行时确保温升符合要求
答案：D

39. 高压电气设备承受内部过电压的能力，大多用(　　)来考验。

A. 直流试验电压　　B. 冲击试验电压　　C. 工频试验电压　　D. 绝缘电阻测试

答案：C

40. 为了在不断开回路的情况下测量回路中的电流，应采用(　　)。

A. 交流电流表　　B. 直流电流表　　C. 分流器　　D. 钳形电流表

答案：D

41. 射流泵以转换能量方式分类，属于(　　)。

A. 转子泵　　B. 无转子泵　　C. 离心泵　　D. 叶片式泵

答案：B

42. 离心泵按工作原理分类，属于(　　)。

A. 转子泵　　B. 叶片泵　　C. 无转子泵　　D. 容积泵

答案：B

43. (　　)对水泵的性能有着决定性的影响。

A. 泵轴　　B. 泵壳　　C. 叶轮　　D. 轴封

答案：C

44. 泵站所有设备只有保证机电设备(　　)，才能更好地服务于农业、工业和人民生活。

A. 结构完整　　B. 运行可靠　　C. 技术状态完好　　D. 状况安全

答案：C

45. 泵站供排水成本不包括(　　)。

A. 电费　　B. 维修费　　C. 土地资源费　　D. 固定资产折旧费

答案：C

46. 凡在有可能坠落的高度进行施工作业，当坠落高度距离基准面(　　)及以上，该项作业即称为高处作业。

A. 2m　　B. 3m　　C. 3. 5m　　D. 4m

答案：A

47. 气蚀余量是指水泵(　　)，单位重量液体具有的超过汽化压力的余能。

A. 进口处　　B. 出口处　　C. 内部　　D. 进口处与出口处之差

答案：A

48. 为防止人身伤亡事故，应依据国家相关法律法规，结合泵站实际，制定切实可行的安全规章制度，下列描述错误的是(　　)。

A. 定期对人员进行安全技术培训，提高安全技术防护水平

B. 定期进行安全制度培训，使运行人员熟练掌握有关安全措施和要求，明确职责，严把质量关

C. 严格执行安全操作规程，杜绝违章作业、违章指挥

D. 不断改善和完善生活设施，减少事故概率

答案：D

49. 下列泵站系统高压母线装设的保护中不应包括(　　)。

A. 带时限的电流速断保护，工作时断开进线断路器　　B. 低电压保护，工作时断开进线断路器

C. 单相接地故障监视，工作时发信号　　D. 功率方向保护，工作时断开进线断路器

答案：D

50. 切削前后水泵扬程之比，等于切削前后水泵叶轮外径(　　)之比。

A. 1 次方　　B. 2 次方　　C. 3 次方　　D. 4 次方

答案：B

51. 按有关规范要求：定子铁芯平均中心线等于或高于转子磁极平均中心线，高出值不应超过定子铁芯有效高度的(　　)。

A. 0. 2%　　B. 0. 3%　　C. 0. 4%　　D. 0. 5%

答案：D

52. 关于直流电阻测量的基本方法，下列描述中错误的是(　　)。

A. 有电桥法和电压降法

B. 电桥法是用单、双臂电桥测量，可以直接读取数值，准确度较高

C. 电桥法在测量感抗值较大的设备绕组的直流电阻时，能很快测出直流电阻值

D. 电压降法要通过计算才能得出直流电阻值

答案：C

53. 变压器在交接、大修和改变分接头开关位置时，必须测量直流电阻。有关规程规定：1.6MV · A 以上变压器各相绕组电阻相互间的差别不应(　　)三相平均值的(　　)；无中性点引出的绕组，线间差别不应(　　)三相平均值的(　　)。

A. 大于，2%，大于，1%　　B. 大于，1%，大于，2%

C. 小于，2%，小于，1%　　D. 小于，1%，小于，2%

答案：A

54. 选用 ZC－8 型接地电阻测试仪测量输、配电杆塔或独立避雷针等小型接地装置工频接地电阻时，须配用辅助接地棒和(　　)导线各 1 根。

A. 5m、20m、40m　　B. 3m、10m、20m　　C. 2m、5m、10m　　D. 1m、2m、5m

答案：A

55. 三相交流接触器上灭弧装置的作用(　　)。

A. 防止触头烧毁　　B. 减少电弧引起的反电势　　C. 减少触头电流　　D. 加快触头的分断速度

答案：A

56. 在电气设备上工作，送电倒闸操作的顺序为(　　)。

A. 先高后低，先刀闸后开关　　B. 先高后低，先开关后刀闸

C. 先低后高，先刀闸后开关　　D. 先低后高，先开关后刀闸

答案：A

57. 低压就地补偿是将低压电容器直接并联在须做无功补偿的(　　)处。

A. 测量回路　　B. 控制回路　　C. 低压配电设备　　D. 低压用电设备

答案：D

58. 下列关于直流电源系统作用的描述错误的是(　　)。

A. 直流电源系统作为独立电源，为泵站的保护、控制、信号回路、事故照明等负荷提供电源

B. 较为重要、容量较大的泵站，一般采用固定独立的交流供电系统作为操作电源

C. 直流电源系统不受交流系统电源的影响

D. 保证泵站工程安全的同时还要保证事故照明

答案：B

59. 开关设备的“五防”连锁功能是指(　　)。

A. 防误分断路器，防误合断路器，防带电拉合隔离开关，防带电合接地刀闸，防带接地线合断路器

B. 防误分合断路器，防带电拉隔离开关，防带电合接地刀闸，防带接地线合断路器，防误入带电间隔

C. 防误分合断路器，防带电拉隔离开关，防带电合隔离开关，防带电合接地刀闸，防带接地线合断路器

D. 防误分合断路器，防带电拉隔离开关，防带电合隔离开关，防带电合接地刀闸，防误入带电间隔

答案：B

60. 规程规定，直流接地达到(　　)情况时，应停止直流网络上一切工作，并查找故障点，防止造成两点接地。

A. 直流电源为 220V，接地电压 50V 以上；直流电源为 24V，接地电压 6V 以上

B. 直流电源为 220V，接地电压 500V 以上；直流电源为 50V，接地电压 10V 以上

C. 直流电源为 220V，接地电压 50V 以上；直流电源为 50V，接地电压 6V 以上

D. 直流电源为 380V，接地电压 100V 以上；直流电源为 24V，接地电压 6V 以上

答案：A

61. 下列对规范的试验报告所必需的项目的描述有误(　　)。

A. 试验名称和目的要求、技术规范

B. 试验接线及示意图、试验部位、试验项目及原始试验数据
C. 试验时间和大气环境条件、温度、湿度、气压，如油浸变压器还要注明上层油温等
D. 主要试验人员、记录人和生产厂家负责人签字
答案：D
62. 变压器负载试验时，变压器的二次线圈短路，一次线圈分头应放在(　　)位置。
A. 最大　B. 额定　C. 最小　D. 任意
答案：B
63. 一台水泵的额定流量为 $1.5m^3/s$，其运转 1h 的排水量为(　　)。
A. 1000t　B. 3600t　C. 4500t　D. 5400t
答案：D
64. 固定卷扬启闭机起升机构主要由钢丝绳、卷筒组、滑轮组、(　　)、联轴器和驱动传动机构等组成。
A. 电动机　B. 制动器　C. 安全保护装置　D. 限位开关
答案：B
65. 调制是将(　　)信号转换为相应的模拟信号的过程，解调则是相反的过程。
A. 载波　B. 高压　C. 数字　D. 无线电
答案：C
66. 同步发电机的整个工作过程的第二阶段，是指同步发电机并网之后。此时励磁控制系统通过调节励磁电流来调整发电机向电网输出的(　　)。
A. 无功电能　B. 有功功率　C. 无功功率　D. 有功电能
答案：C
67. 在一定电流范围内，继电器中通过电流越大，其动作时间越短，这是(　　)。
A. 反时限特性　B. 定时限特性　C. 正时限特性　D. 速断特性
答案：A
68. 三相绕线式异步电动机的铁芯是由互相绝缘的(　　)叠加成的。
A. 硅钢片　B. 贴片　C. 不锈钢　D. 导线
答案：A
69. 当计算机失电，出现有电源不能启动时，如果是因为硬盘损坏或 Windows 系统损坏，这时如果不能重装系统，说明(　　)损坏，须更换。
A. 操作系统　B. 硬盘　C. 操作系统和硬盘　D. 操作系统或硬盘
答案：B
70. 当计算机不能正常启动，遇到此问题的处理方法是听声音，电脑出现启动故障时都会发出不同的鸣叫声提示故障的部位，在 AMI BIOS 系统中，鸣叫声(　　)说明是键盘控制器错误。
A. 2 长 1 短　B. 6 短　C. 4 短　D. 响声不停
答案：B
71. 在不考虑摩擦的理想状态下，双联滑轮组的倍率 m 与钢丝绳分支数 i 的比值是(　　)。
A. 0.5　B. 1　C. 1.5　D. 2
答案：A
72. 在螺杆启闭机设计中，考虑到螺纹牙间的当量摩擦系数为(　　)，相应的当量摩擦角为 $4°35' \sim 5°43'$。
A. 0.02 ~ 0.04　B. 0.05 ~ 0.07　C. 0.08 ~ 0.1　D. 0.12 ~ 0.15
答案：C
73. 机器是由若干(　　)组合，各部分之间具有确定的相对运动，能够转换或传递能量、物料和信息的机械。
A. 构件　B. 零件　C. 配件　D. 机构
答案：A
74. 机器具有 3 个共同的特征：①由许多构件组合而成；②构件之间具有确定的(　　)；③能够代替或减轻人的劳动，有效地完成机械功或实现机械能量转换。
A. 剧烈运动　B. 静止　C. 相对运动　D. 同步运动

答案：C

75. 零件与构件的区别：零件是制造单元，构件是运动单元，零件(　　)构件，构件是组成机构的各个相对运动的实体。

A. 相对　　B. 组成　　C. 就是　　D. 分为

答案：B

76. 操纵、控制装置用以(　　)机器的启动、停车、正反转、动力参数改变及各执行装置间的动作协调等。

A. 保护　　B. 控制　　C. 停止　　D. 报警

答案：B

77. 自动化机器的(　　)系统能使机器进行自动检测、自动数据处理和显示、自动控制调节、故障诊断、自动保护等。

A. 控制　　B. 网络　　C. 智能　　D. 保护

答案：A

78. 曲轴是(　　)、曲柄压力机等机器中用于往复直线运动和旋转运动相互转换的专用零件。

A. 电动机　　B. 内燃机　　C. 计算机　　D. 发电机

答案：B

79. 轴承使用过程中要经常检查，如有发热(一般在(　　)以下为正常)、冒烟、卡死以及异常振动、声响等要及时检查、分析，并采取措施。

A. 40℃　　B. 50℃　　C. 60℃　　D. 70℃

答案：C

80. 凡能(　　)摩擦阻力的介质均可作为润滑材料。

A. 影响　　B. 增加　　C. 降低　　D. 产生

答案：C

81. 用油作为绝缘介质可以大大提高电气设备运行的可靠性，缩小设备尺寸。同时，绝缘油还对棉纱纤维等绝缘材料起一定的保护作用，使之不受空气和(　　)的侵蚀而很快变质。

A. 电弧　　B. 污染物　　C. 水分　　D. 杂质

答案：C

82. 当接通开关或切断电力(　　)时，在触头之间产生电弧，电弧的温度很高，若不设法熄灭电弧，就可能烧毁设备。

A. 系统　　B. 负荷　　C. 设备　　D. 线路

答案：B

83. 电弧的继续存在，还可能使电力系统发生(　　)，引起过电压击穿设备。

A. 震荡　　B. 短路　　C. 开路　　D. 爆炸

答案：A

84. 空气间隙、叶轮间隙的测量调整，须在机组中心(　　)进行。

A. 前　　B. 后　　C. 交叉　　D. 同时

答案：B

85. 利用高速气流将熔化的金属液体喷射到被磨损的水泵轴颈的表面以填补磨损的方法称为(　　)。

A. 电焊　　B. 气焊　　C. 喷镀　　D. 缝焊

答案：C

86. 泵站油系统上的阀门应(　　)安装。

A. 垂直　　B. 横向　　C. 垂直或横向　　D. 任何方向

答案：B

87. 小型拍门的安装角度约为(　　)。

A. 3°　　B. 10°　　C. 20°　　D. 30°

答案：B

88. 螺杆启闭机螺杆压弯的原因不包括(　　)。

A. 过载保护没有调节好，起不到作用　　B. 闸门摩阻过大
C. 行程开关未调节好，使闸门到达底坎后继续下压　　D. 操作不当
答案：D
89. 轴流泵中的导轴承承受转动部件的(　　)。
A. 径向力　　B. 轴向力　　C. 振动　　D. 跳动
答案：A
90. 确定水泵是否同一轮系，应以(　　)相同为标准。
A. 扬程　　B. 叶轮直径　　C. 比转数　　D. 进水口口径
答案：C
91. 水泵的扬程与转速的(　　)成正比。
A. 1/2 次方　　B. 平方　　C. 立方　　D. 4 次方
答案：B
92. 水泵的功率与转速的(　　)成正比。
A. 1/2 次方　　B. 平方　　C. 立方　　D. 4 次方
答案：C
93. 水泵净扬程(即实际扬程)和进、出水池压力差(　　)。
A. 是随流量而改变的变数　　B. 是不随流量而改变的常数
C. 随流量的增大而增大　　D. 随流量变小而变小
答案：B
94. 改变水泵叶片安装角的目的是获得(　　)。
A. 安全运行　　B. 稳定运行　　C. 最高流量　　D. 最高效率
答案：D
95. 水泵叶轮切削前后流量之比，等于切削前后叶轮外径(　　)之比。
A. 1 次方　　B. 2 次方　　C. 3 次方　　D. 4 次方
答案：A
96. 切削前后水泵功率之比，等于切削前后水泵叶轮外径(　　)之比。
A. 1 次方　　B. 2 次方　　C. 3 次方　　D. 4 次方
答案：C
97. 离心泵在运行过程中，一般要求轴承温度不能超过(　　)。
A. 50 ~ 65℃　　B. 65 ~ 70℃　　C. 75 ~ 80℃　　D. 85 ~ 90℃
答案：C
98. 循环水泵主要为(　　)等设备提供冷却用水。
A. 除氧器　　B. 加热器　　C. 凝汽器　　D. 散热器
答案：C
99. 离心泵在启动时，应确保(　　)。
A. 出口阀在打开状态　　B. 出口阀在关闭状态　　C. 进口阀在打开状态　　D. 进口阀在关闭状态
答案：B
100. 泵的运行工况点由(　　)两条曲线的交点确定。
A. 扬程—流量和效率—流量　　B. 扬程—流量和轴功率—流量
C. 效率—流量和轴功率—流量　　D. 扬程—压力和效率—流量
答案：A
101. 泵并联运行时，下列说法正确的是(　　)。
A. 流量增加，扬程不变　　B. 流量不变，扬程相加　　C. 无变化　　D. 都相加
答案：A
102. 一般电动机的启动电流为额定电流的(　　)。
A. 2 ~ 3 倍　　B. 4 ~ 7 倍　　C. 5 ~ 10 倍　　D. 10 倍以上

答案：B

103. 离心泵启动后出口逆止阀打不开的原因是(　　)。

A. 电流小，出口门前压力高　　B. 电流大，出口门前压力高

C. 电流小，出口门前压力低　　D. 电流大，出口门前压力低

答案：C

104. 检修中装配好的水泵在(　　)时，转子转动应灵活，不得有偏重、卡涩、摩擦等现象。

A. 加装密封填料　　B. 未装密封填料

C. 已通水　　D. 与电动机联轴器已连接

答案：B

105. 水泵的级数越多，(　　)就越大。

A. 压力　　B. 流量　　C. 允许吸上真空度　　D. 效率

答案：A

106. 离心泵吸水管的高度一般不超过(　　)，否则影响效率甚至无法抽水。

A. 5m　　B. 6m　　C. 8m　　D. 10m

答案：B

107. 水泵串联的目的是(　　)。

A. 增加流量　　B. 增加扬程　　C. 缩小流量　　D. 缩小扬程

答案：B

108. 选用给水泵时，要求该泵的 qv－H 性能曲线(　　)。

A. 较陡　　B. 较平坦　　C. 为驼峰形　　D. 视情况而定

答案：B

109. 大型轴流泵广泛采用(　　)调节。

A. 变速　　B. 可动叶片　　C. 进口挡板　　D. 出口挡板

答案：B

110. 已知一台 IS 型水泵的额定参数为 $Q=27L/s$，$H=34m$，$n=1450r/min$，该泵的有效功率计算应为(　　)。

A. $N_e=\frac{9800\times27\times34}{1000}$　　B. $N_e=\frac{9800\times27\times34}{102}$

C. $N_e=\frac{9800\times0.027\times34}{102}$　　C. $N_e=\frac{1000\times27\times34}{102}$

答案：C

111. 某台离心泵装置的运行功率为 N，采用变阀调节后流量减小，其功率由 N 变为 N'，则调节前后的功率关系为(　　)。

A. $N'<N$　　B. $N'=N$　　C. $N'>N$　　D. $N'\geqslant N$

答案：A

112. 水泵调速运行时，调速泵的转速由 n_1 变为 n_2 时，其流量 Q、扬程 H 与转速 n 之间的关系符合一定的比例关系，其关系式为(　　)。

A. $(H_1/H_2)=(Q_1/Q_2)^2=(n_1/n_2)$　　B. $(H_1/H_2)=(Q_1/Q_2)=(n_1/n_2)^2$

C. $(H_1/H_2)=(Q_1/Q_2)^2=(n_1/n_2)^2$　　D. $(H_1/H_2)=(Q_1/Q_2)=(n_1/n_2)$

答案：C

113. 上凹管处危害最大的水击是(　　)。

A. 负水击　　B. 正水击　　C. 启动水击　　D. 关阀水击

答案：B

114. 反映流量与管路中水头损失之间的关系曲线称为管路特性曲线，即(　　)。

A. $\sum h=SQ$　　B. $\sum h=SQ^2$　　C. $\sum h=S/Q^2$　　D. $\sum h=S/Q$

答案：B

115. 从对离心泵特性曲线的理论分析中，可以看出，每一台水泵都有它固定的特性曲线，这种曲线反映

了该水泵本身的(　　)。

A. 潜在工作能力　　B. 基本构造　　C. 基本特点　　D. 基本工作原理

答案：A

116. 混流泵是利用叶轮旋转时产生的(　　)双重作用来工作的。

A. 速度与压力变化　　B. 作用力与反作用力　　C. 离心力与升力　　D. 流动速度和流动方向的变化

答案：D

117. 在实际工程应用中，对于正在运行的水泵，水泵装置总扬程可以通过以下公式进行计算：$H=$(　　)。

A. $H_{ss}+H_{sd}$　　B. $H_{ss}+H_{sv}$　　C. $H_{st}+H_{sv}$　　D. $H_{d}+H_{v}$

答案：D

118. 水泵装置总扬程基本计算公式 $H=H_{st}+\sum h$，在实际工程中用于两方面，一是将水由吸水井提升到水塔所需的 H_{st}，称为(　　)；二是消耗在克服管路中的 $\sum h$，称为水头损失。

A. 总扬程　　B. 吸水扬程　　C. 净扬程　　D. 压水扬程

答案：C

119. 当泵站中的电气设备着火时，应选用(　　)灭火。

A. 干粉灭火器　　B. 1211 灭火器　　C. 泡沫灭火器　　D. 二氧化碳灭火器

答案：D

120. 球形阀的阀体制成流线型是为了(　　)。

A. 制造方便　　B. 外形美观　　C. 减少局部阻力损失　　D. 减少沿程阻力损失

答案：C

121. 性能参数中的水泵额定功率是指水泵的(　　)。

A. 有效功率　　B. 配套功率　　C. 轴功率　　D. 动力机的输出功率

答案：C

122. 离心泵泵体安装找平时，其不水平度和不垂直度不应超过(　　)。

A. 0.1‰　　B. 0.2‰　　C. 0.5‰　　D. 1‰

答案：A

二、多选题

1. 带传动的种类有(　　)。

A. 平型带传动　　B. 链传动　　C. 三角带传动　　D. 同步齿形带传动

答案：ACD

2. 平型带传动的形式有(　　)。

A. 开口式传动　　B. 交叉式传动　　C. 封闭式传动　　D. 半交叉式传动

答案：ABD

3. 链传动按用途不同，可分为(　　)。

A. 传动链　　B. 起重链　　C. 牵引链　　D. 齿形链

答案：ABC

4. 用于两平行轴之间的齿轮传动有(　　)。

A. 齿条传动　　B. 直齿圆柱齿轮传动　　C. 斜齿圆柱齿轮传动　　D. 圆锥齿轮传动

答案：BC

5. 转轴的应用特点是(　　)。

A. 支承转动零件　　B. 传递动力　　C. 承受拉力　　D. 承受剪应力

答案：AB

6. PLC 常用的编程语言有(　　)。

A. 机器语言　　B. 汇编语言　　C. 高级语言

D. 梯形图语言　　E. 指令助记符语言　　F. 逻辑功能图语言

答案：CDEF

7. 小型 F 系列 PLC 的硬件组件由(　　)组成。
A. 框架　B. CPU 模块　C. 基本单元　D. 扩展单元
E. I/O 模块　F. 编程器　G. ROM 程序存储卡
答案：CDFG
8. PLC 数字量输入模板主要由(　　)组成。
A. 数模转换电路　B. 输入信号处理电路　C. 光电隔离电路
D. 信号压缩电路　E. 信号锁存电路　F. 口址译码和控制逻辑电路
答案：BCEF
9. PLC 输出点类型主要有(　　)。
A. 继电器　B. 可控硅　C. 晶体管　D. IC 驱动电路
答案：ABC
10. 三菱 FX 系列 PLC 内部计数器的位数种类有(　　)。
A. 8 位　B. 16 位　C. 32 位　D. 64 位
答案：BC
11. 步进电机控制程序设计要素是(　　)。
A. 速度　B. 方向　C. 时间　D. 加速度
答案：ABD
12. 在选取 PLC 温控模块时要考虑(　　)。
A. 温度范围　B. 精度　C. 广度　D. 使用时间
答案：AB
13. 通常的 PLC 特殊扩展功能模块有(　　)。
A. I/O 量扩展输出　B. 模拟量模块　C. 高速计数模块　D. 扩展单元模块
答案：BC
14. PLC 用户数据结构主要有(　　)。
A. 位数据　B. 字数据　C. 浮点数　D. 位与字的混合格式
答案：ABD
15. PLC 与 PLC 之间可以通过(　　)方式进行通讯。
A. RS232 通讯模块　B. RS485 通讯模块　C. 现场总线　D. 不能通讯
答案：ABC
16. 目前，PLC 编程主要采用(　　)进行编程。
A. 电脑　B. 磁带　C. 手持编程器　D. 纸条
答案：AC
17. PLC 机的主要特点是(　　)。
A. 可靠性高　B. 编程方便　C. 运算速度快
D. 环境要求高　E. 继电器应用多
答案：ABC
18. 触摸屏与 PLC 通讯速度一般有(　　)。
A. 9000bps　B. 9600bps　C. 19200bps　D. 38400bps
答案：BCD
19. 串行通信根据要求可分为(　　)。
A. 单工　B. 半双工　C. 3/4 双工　D. 全双工
答案：ABD
20. 可编程控制器中的存储器有(　　)。
A. 系统程序存储器　B. 用户程序存储器　C. 备用存储器　D. 读写存储器
答案：AB
21. 状态转移图的基本结构有(　　)。

A. 语句表　　B. 单流程　　C. 步进梯形图
D. 选择性和并行性流程　　E. 跳转与循环流程
答案：BDE
22. 在 PLC 的顺序控制中采用步进指令方式编程的优点是(　　)。
A. 方法简单，规律性强　　B. 提高编程工作效率，修改程序方便
C. 程序不能修改　　D. 功能性强，专用指令多
答案：AB
23. PLC 机在循环扫描工作中每一扫描周期的工作阶段是(　　)。
A. 输入采样阶段　　B. 程序监控阶段　　C. 程序执行阶段　　D. 输出刷新阶段
答案：ACD
24. (　　)场合适合以开关量控制为主的 PLC 的应用。
A. LED 显示控制　　B. 电梯控制　　C. 温度调节　　D. 传送带启停控制
答案：ABD
25. 在编程时，PLC 的内部触点(　　)。
A. 可作常开使用，但只能使用 1 次　　B. 可作常闭使用，但只能使用 1 次
C. 可作常开反复使用，无限制　　D. 只能使用 1 次
E. 可作常闭反复使用，无限制
答案：CE
26. 可编程控制器 CPU 的作用是(　　)。
A. 对输入信号进行模拟运算　　B. 实现逻辑运算和算术运算
C. 对 PLC 全机进行控制　　D. 完成梯形图程序的输入与输出
答案：BC
27. PLC 梯形图中的继电器线圈包括(　　)。
A. 输入继电器线圈　　B. 输出继电器线圈　　C. 辅助继电器线圈　　D. 寄存器及计数器的运算结果
答案：BCD
28. PLC 以扫描方式进行工作，其扫描过程包括(　　)。
A. 输入扫描　　B. 输入信号解码　　C. 执行扫描
D. 输出编码　　E. 输出扫描
答案：ACE
29. 下列选项属于 PLC 数字量输出模板组成项的是(　　)。
A. 前置电路　　B. 光电隔离电路　　C. 整形电路
D. 控制逻辑电路　　E. 输出驱动电路
答案：BDE
30. 计算机不能正常启动的处理方法是听声音，下列对鸣叫声的含义描述正确的包括(　　)。
A. AMI BIOS 中 1 长 3 短：内存错误(如内存芯片损坏)
B. Award BIOS 中响声不停：显示器未与显卡连接
C. AMI BIOS 中 5 短：CPU 出错
D. AMI BIOS 中 9 短：主板 Flash ROM 或 EPROM 检验错误
E. Award BIOS 中 2 短：系统正常启动
答案：ABCD
31. 下列关于集电环的材质要求说法正确的是(　　)。
A. 钢质集电环的耐磨性好，机械强度大，因此大多用于因极性引起集电环磨损差较大的同步电机上
B. 对于像汽轮发电机那样，主要强调高圆周速度下机械强度和耐磨性的集电环，有时也使用锻钢
C. 要求耐腐蚀性时，可使用不锈钢，且不锈钢的滑动特性稳定，不易造成碳刷温升过高或异常磨损
D. 青铜铸件等铜质集电环与钢质集电环相比，它的滑动特性好，但当其含有大量低熔点铅时，因通电点的发热会产生脱铅现象，容易造成集电环磨损或碳刷异常磨损

答案：ABD

32. 水泵工作点调节的方法有(　　)。

A. 变径调节　B. 变角调节　C. 变速调节　D. 调节出水闸阀的开启度

答案：ABCD

33. 水锤所增大的压力，有时可能超过管道正常压力的许多倍，会(　　)，危害极大。

A. 撞坏逆止阀　B. 胀裂管道　C. 破坏压力水箱　D. 造成极大振动

答案：ABCD

34. 气蚀的危害主要是(　　)。

A. 损坏水泵的过流部件　B. 降低水泵的效率　C. 产生强烈的噪声

D. 产生剧烈的振动　E. 对水泵影响不大

答案：ABCD

35. 下列关于手车断路器的基本操作方法和注意事项描述正确的是(　　)。

A. 接地开关处于合闸位置时，手车断路器不能从检修或试验位置移至运行位置

B. 仅当手车处于试验或检修位置时，接地开关才能操作

C. 只有后柜门关闭时，方可操作接地开关

D. 手车控制线插头插上前，应先送上手车储能电源

E. 手车拉出后，应观察静触头隔离挡板是否已落下

答案：ABCE

36. 合闸回路易产生的故障为烧坏(　　)。

A. 合闸线圈　B. 合闸接触器线圈　C. 合闸保护继电器

D. 合闸接触器接点　E. 分闸线圈

答案：ABCD

37. 泵站常见的断流方式有(　　)。

A. 拍门断流　B. 真空破坏阀断流　C. 快速闸门断流

D. 截止阀门断流　E. 充放压缩空气断流

答案：ABC

38. 泵站计算机监控系统中主要通过通信的方式实现各种保护装置及自动化装置之间信息的共享、交换，现场经常用到的通信方式有(　　)。

A. 串口通信 RS232　B. 以太网(局域网)　C. RS485/RS422

D. 并口通信　E. 现场总线

答案：ABCE

39. 水泵机组常见的间接传动有(　　)。

A. 联轴器传动　B. 齿轮传动　C. 液压传动

D. 带传动　E. 蜗杆传动

答案：BCD

三、简答题

1. 简述水泵机组的运行与维护。

答：(1)机组运行中的监视与维护。(2)机组日常性检查和保养的要点和内容：日常检查和保养工作，是预防故障发生、保证机组长时间安全运行的重要措施。一方面要求运行人员严格按照运行操作规程工作，另一方面要经常对设备进行预防性检查，做到防患于未然。

2. 简述泵站监控系统的主要任务(提纲形式即可)。

答：(1)能在泵站监视和操作整个泵站设备；(2)汛期、非汛期以及枯水期运行方式的控制与切换；(3)泵组的启动控制；(4)泵组的停机控制；(5)闸门的监测与控制；(6)运行管理；(7)对包括事故在内的特殊情况的分析和处理；(8)记录整个泵站设备运行统计资料并提供相应报告；(9)排水量控制；(10)经济运行。

3. 简述润滑的原理。

答：润滑就是在相对运动的摩擦接触面之间加入润滑剂，使两接触表面之间形成润滑膜，变干摩擦为润滑剂内部的分子之间的内摩擦，以达到减小摩擦、降低磨损、延长机械设备使用寿命的目的。通常，润滑的基本作用可以归纳为：控制摩擦、减小磨损、冷却降温、密封隔离、减小阻尼振动、防止腐蚀、保护金属表面等。

4. 简述润滑油的定义。

答：润滑油是用在各种类型机械上以减少摩擦、保护机械及加工件的液体润滑剂，主要起润滑、冷却、防锈、清洁、密封和缓冲等作用。

四、计算题

1. 如图，已知 $E_1=1\text{V}$，$E_2=2\text{V}$，$E_3=3\text{V}$，$R_1=1\Omega$，$R_2=2\Omega$，$R_3=3\Omega$，$R_4=4\Omega$，$R_5=5\Omega$，$R_6=6\Omega$，求各支路电流。

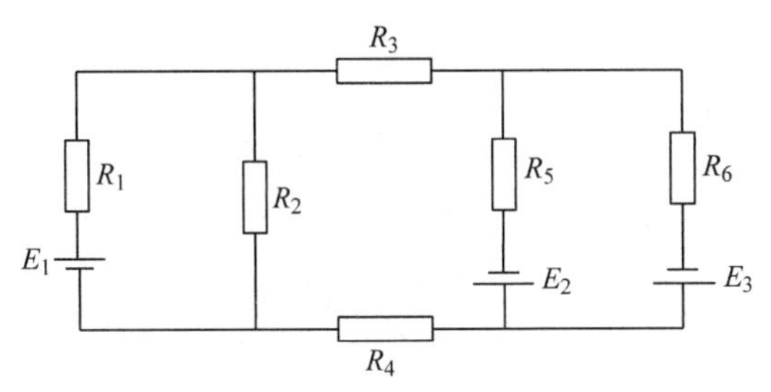

解：如图，联立方程：

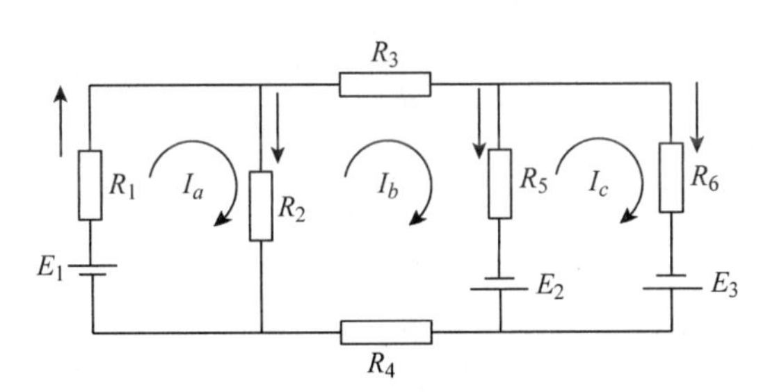

$$\begin{cases} I_a(R_1+R_2)-I_bR_2=E_1 & (1) \\ I_b(R_2+R_3+R_4+R_5)-I_aR_2-I_cR_5=E_2 & (2) \\ I_c(R_5+R_6)-I_bR_5=E_3-E_2 & (3) \end{cases}$$

由式(1)、(2)、(3)得：

$$\begin{cases} 3I_a-2I_b=1 & (4) \\ 14I_b-2I_a-5I_c=2 & (5) \\ 11I_c-5I_b=1 & (6) \end{cases}$$

解式(4)、(5)、(6)得：

$$\begin{cases} I_a=183/343 \\ I_b=103/343 \\ I_c=78/343 \end{cases}$$

则如图得：$I_{R_1}=I_a=183/343\text{A}$，方向如图；

$I_{R_2}=I_a-I_b=80/343\text{A}$，方向如图；

$I_{R_3}=I_b=103/343\text{A}$，方向如图；

$I_{R_4}=I_b=103/343\text{A}$，方向如图；

$I_{R_5}=I_b-I_c=25/343\text{A}$，方向如图；

$I_{R_6}=I_c=78/343\text{A}$，方向如图。

2. 某台SJ6－180/10型三相变压器的额定容量为180kV·A，额定电流为2.60A，额定电压为10000/400V，空载损耗为575W，短路损耗为3530W，该变压器在满载时，输出电压为380V，功率因数设为1，求其满载时的效率。

解：$P_2=\sqrt{3}U_{线}\times I_{线}\times\cos\varphi=1.73\times380\times0.26\times1\approx170.92\text{kW}$

$P_1=P_2+\triangle P_0+\triangle P_{CUN}=170.9+0.575+3.53\approx112.01\text{kW}$

则，满载时的效率 $\eta=P_2/P_1\times100\%=170.9/175\times100\%\approx97.7\%$

3. 已知水泵流量 $Q=150\text{L/s}$，吸水口直径 $d_s=300\text{mm}$，吸水管直径 $D_s=350\text{mm}$，吸水管长 $L_1=10\text{m}$；压水口直径 $d_d=250\text{mm}$，压水管直径 $D_d=300\text{mm}$，压水管长 $L_2=100\text{m}$；吸水池水位标高为250m，水塔水位标高为278m。在吸水管路上装有一个喇叭口，一个90°弯头，一个偏心渐缩管。压水管路局部损失为沿程损失的12%，求该水泵的扬程(吸、压水管路均采用钢管)。

解：由题可知 $Q=150\text{L/s}$，$D_s=350\text{mm}$ 时，$i_1=0.00689$；$v_1=1.3\text{m/s}$；当 $D_d=300\text{mm}$ 时，$i_2=0.0159$，$v_2=1.78\text{m/s}$，喇叭口 $\zeta=0.56$，90°弯头 $\zeta_{90}=0.48$，渐缩管 $\zeta_{渐缩}=0.20$。

吸水管路沿程损失 $h_1=i_1\times L_1=0.00689\times10\approx0.07\text{ m}$

吸水管路局部损失 $h_2=(1\times\zeta+1\times\zeta_{90°})\times v_1^2/2g+\zeta_{渐缩}\times v_2^2/2g=(0.56+0.48)\times1.3^2/2g+0.20\times1.78^2/2g=0.12\text{m}$(g为重力加速度)

吸水管路中总水头损失 $\sum h_{s1}=h_1+h_2=0.07+0.12=0.19\text{m}$

压水管路中总水头损失 $\sum h_{s2}=1.1\times i_2\times L_2=1.1\times0.0159\times100\approx1.75\text{m}$

吸水池水位与水塔水位的高差 $H_1=278-250=28\text{m}$

所以，水泵装置的总扬程 $H=H_1+h_{st}+\sum H=28+0.19+1.75=29.94\text{m}$

4. 已知一对外啮合标准直齿圆柱齿轮传动的标准中心距 $a=150\text{mm}$，传动比 $i_{12}=4$，小齿轮齿数 $Z_1=20$。求这对齿轮的模数 m 和大齿轮的齿数 Z_2、分度圆直径 d_2、齿顶圆直径 d_{a2}、齿根圆直径 d_{f2}。

解：大齿轮的齿数 $Z_2=i_{12}\times Z_1=4\times20=80\text{mm}$

齿轮的模数 $m=2\times a/(z_1+z_2)=2\times150/100=3\text{mm}$

分度圆直径 $d_2=m\times Z_2=240\text{mm}$

齿顶圆直径 $d_{a2}=240+2\times3=246\text{mm}$

齿根圆直径 $d_{f2}=240-2\times1.25\times3=232.5\text{mm}$

5. 已知一正常齿制标准直齿圆柱齿轮 $m=3\text{mm}$，$z=19$，求该齿轮的分度圆直径 d、齿顶圆直径 d_a、齿根圆直径 d_f。

解：分度圆直径 $d=m\times z=3\times19=57\text{mm}$

齿顶圆直径 $d_a=m\times(z+2)=3\times(19+2)=63\text{mm}$

齿根圆直径 $d_f=m\times(z-2.5)=3\times(19-2.5)=49.5\text{mm}$

6. 一对标准直齿圆柱齿轮传动，已知两齿轮齿数分别为40和80，并且测得小齿轮的齿顶圆直径为420mm，求两齿轮的主要几何尺寸。

解：$m=420/(40+2)=10\text{mm}$

$d_1=400$；$d_2=800$；$d_{a2}=800+2\times m=820$；$d_{f1}=400-2\times1.25\times m=375$；$d_{f2}=800-2\times1.25\times m=775$；$a=10/2\times(40+80)=600\text{mm}$；$p=3.14\times m=31.4\text{mm}$

7. 10只100W/220V的白炽灯，每天平均工作3h，求每月(按30d计)共耗电量。

解：每月耗电量 $=10\times0.1\times3\times30=90\text{kW}\cdot\text{h}$

8. 有一台鼠笼式三相异步电动机，额定功率 $P_N=40\text{kW}$，额定转速 $n_N=1450\text{r/min}$，过载系数 $\lambda=2.2$，求额定转矩 T_N 及最大转矩 T_m。

解：额定转矩 $T_N=9550\times(P/n_N)=9550\times(40/1450)=9.55\times(40000/1450)=263.45\text{N}\cdot\text{m}$

最大转矩 $T_M=\lambda\times T_N=2.2\times263.45=579.59\text{N}\cdot\text{m}$

9. 三相四线低压配电系统中，如A相电流为10A，B相电流为20A，C相电流为30A，利用平行四边形法则求中性线上的电流。

解：按平行四边形法则见下图，画出 OA、OB、OC 相量各相量差120℃，各线长度按比例画出。即U相与V相电流之和，再以 OD、OC 为边做平行四边形，对角线 OE 为三相电流之和，即中性线上的电流数值，经测量按比例计算可知中性线上电流为16A。

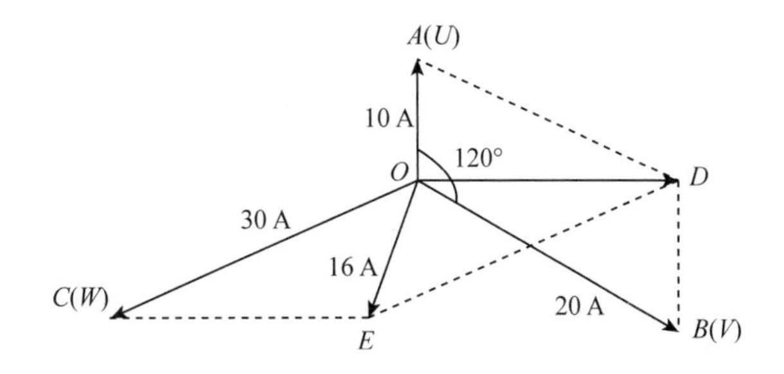

10. 有一个低压配电线路，同时向五台三相异步电动机供电，其中有3台是4kW，2台是3kW，这几台电动机的额定电压为380V，功率因数$\cos\varphi$为0.8，效率η为0.85。求该低压配电线路的总电流。

解：线路总功率$P=4\times3+3\times2=18\text{kW}$

$I=(P\times1000)/(\sqrt{3}\times U\times\eta\times\cos\varphi)=(18\times1000)/(\sqrt{3}\times380\times0.8\times0.85)\approx40.22\text{A}$

所以该线路总电流$I=40.22\text{A}$

11. 已知某电感$L=1.911\text{H}$的线圈，接到频率为50Hz、电压为220V的交流电源上，求该线圈中的电流值。

解：感抗$X_L=2\times\pi\times f\times L=2\times3.14\times50\times1.911\approx600\Omega$

线圈电流$I=U/X_L=220/600\approx0.37\text{A}$

12. 已知某电容$C=5.308\mu\text{F}$的电容器，接入电压为220V、50Hz的交流电源上，求电路中的电流。

解：$C=5.308\mu\text{F}=0.0000053\text{F}$

容抗$X_C=1/(2\times\pi\times f\times C)=1/(2\times3.14\times50\times0.0000053)\approx601\Omega$

则电流$I=U/X_C=220/601\approx0.37\text{A}$

13. 有一个电阻，电感和电容串联电路，$R=600\Omega$，$L=1.911\text{H}$，$C=5.308\mu\text{F}$，电路电压$U=220\text{V}$，$f=50\text{Hz}$。求电路的电流。

解：感抗$X_L=2\times\pi\times f\times L=2\times3.14\times50\times1.911\approx600\Omega$

$C=5.308\mu\text{F}\approx0.0000053\text{F}$

容抗$X_C=1/(2\times\pi\times f\times C)=1/(2\times3.14\times50\times0.0000053)\approx601\Omega$

$Z=\sqrt{R^2+(X_C-X_L)^2}=\sqrt{600^2+1^2}\approx600\ \Omega$

则电路电流$I=U/Z=220/600\approx0.36\text{A}$

第三节　操作知识

一、单选题

1. 泵站电气设备，按其作用的不同一般分为一次设备和二次设备。二次设备的作用不包括（　　）。

A. 控制　　B. 保护　　C. 感应　　D. 测量

答案：C

2. 接地装置在工程上经常用到，常见的类型不包括（　　）。

A. 工作接地　　B. 防雷接地　　C. 保护接地　　D. 弧光接地

答案：D

3. 下列关于异步电动机传统的降压启动方法中描述有误的是（　　）。

A. 星—三角降压启动　　B. 自耦变压器降压启动

C. 变压器—电动机组等边三角形换接启动　　D. 串电抗器或电阻器降压启动

答案：C

4. 装盘根时，盘根应切成足够盘成（　　）的长度。

A. 1 圈　　B. 2 圈　　C. 3 圈　　D. 4 圈

答案：A

5. 下列关于变压器的特殊巡视的重点检查内容描述错误的是(　　)。

A. 系统发生短路故障时，应立即检查变压器系统有无爆裂、断脱、移位变形、产生焦味、烧损、闪络、产生烟火、喷油等现象

B. 大风天气，应检查引线摆动情况和产线上是否搭挂杂物

C. 雷雨天气，应检查瓷套管有无进水现象，以及避雷器计数情况

D. 气温骤变时，应检查变压器油位、油温是否正常，伸缩节导线和接头有无变形或发热现象

答案：C

6. (　　)是指水沿轴向流入叶轮，沿垂直于主轴的径向流出叶轮的水泵。

A. 离心泵　　B. 轴流泵　　C. 混流泵　　D. 立式泵

答案：A

7. 轴流泵是利用叶轮在水中旋转所产生的(　　)将水提升的。

A. 离心力　　B. 推力　　C. 离心力和推力　　D. 轴向力

答案：B

8. 下列属于控制液流只能沿规定的方向流动的阀门是(　　)。

A. 闸阀　　B. 截止阀　　C. 旋塞　　D. 止回阀

答案：D

9. 阀门的作用是进行流量控制、截流、防止倒灌、防止(　　)等。

A. 水锤　　B. 杂物　　C. 卡阻　　D. 漏水

答案：A

10. 一般情况下，电气设备的绝缘电阻随温度上升而(　　)。

A. 增大　　B. 减小　　C. 不变　　D. 无规律

答案：B

11. 应检查供、排水泵轴封漏水情况，填料密封的滴水以每分钟(　　)为宜，并且不应有发热现象。

A. 5 ~ 10 滴　　B. 10 ~ 30 滴　　C. 30 ~ 60 滴　　D. 60 ~ 120 滴

答案：B

12. 下列受电与供电顺序正确的是(　　)。

A. 先送变压器高压侧隔离开关、空气开关，再送低压侧隔离开关、空气开关

B. 先送变压器高压侧空气开关、隔离开关，再送低压侧空气开关、隔离开关

C. 先送变压器低压侧隔离开关、空气开关，再送高压侧隔离开关、空气开关

D. 先送变压器低压侧空气开关、隔离开关，再送高压侧空气开关、隔离开关

答案：A

13. 单列布置或双列背对背布置时，配电柜后面的维护通道宽度不应小于(　　)。

A. 0. 5m　　B. 0. 8m　　C. 1. 0m　　D. 1. 5m

答案：B

14. 安全带的正确挂靠应该是(　　)。

A. 同一水平　　B. 低挂高用　　C. 高挂低用　　D. 高挂或低挂均可

答案：C

15. 鼓风机定期检修的间隔时间为运行(　　)。

A. 3000h 以上　　B. 4000 ~ 5000h　　C. 6000 ~ 7000h　　D. 10000h

答案：B

16. Y - △启动适用于(　　) 启动。

A. 空载或轻载　　B. 满负荷　　C. 超载　　D. 任何

答案：A

17. 下列有关隔离开关的主要作用描述有误的是(　　)。

A. 保证检修工作时有明显可见断开点　　B. 用来进行电路的切换操作

C. 用来分、合负载电路　　D. 分、合小容量负荷回路

答案：C

18. 熔断器是一种保护电器，当电路中通过(　　)电流时，利用电流通过熔体产生热量引起熔断，从而起到保护作用。

A. 过负荷　　B. 短路　　C. 额定　　D. 过负荷或短路

答案：D

19. 低压电器是指交直流电压在(　　)以下的电压系统中的电气设备。

A. 500V　　B. 1000V　　C. 1200V　　D. 3000V

答案：C

二、多选题

1. 下列关于火花等级对应的火花程度和集电环及碳刷的状态说法正确的是(　　)。

A. 1 级：无火花，集电环上没有黑痕，碳刷上没有灼痕

B. $1\frac{1}{4}$级：碳刷边缘仅小部分(约 1/5～1/4 刷边长)有断续的几点点状火花，集电环上有黑痕，碳刷上没有灼痕

C. $1\frac{1}{2}$级：碳刷边缘大部分(大于 1/2 刷边长)有连续的、较稀的颗粒状火花，集电环上有黑痕，但不发展，用汽油擦其表面即能除去，同时在碳刷上有轻微灼痕

D. 2 级：碳刷边缘大部分或全部有连续的、较密的颗粒状火花，开始有断续的舌状火花，集电环上有黑痕，用汽油不能擦除，同时碳刷上有灼痕；如在这一火花等级下短时间运行，集电环上不会出现灼痕，碳刷不会烧焦或损坏

E. 3 级：碳刷整个边缘有强烈的舌状火花，伴有爆裂声音，集电环上黑痕较严重，用汽油不能擦除，同时碳刷上有灼痕；如在这一火花等级下短时间运行，则集碳环上将出现灼痕，同时碳刷将被烧焦或损坏

答案：ACD

2. 刹车制动系统的检查与调试包括(　　)内容。

A. 检查确认高压油阀已关闭

B. 检查确认制动器在正常工作状况

C. 检查贮气罐和刹车制动系统上压力表的压力正常

D. 手动检查空气电磁阀动作灵活，无卡死现象，气动正常

E. 检查制动器座与下机架的固定是否有松动现象

答案：ABCD

3. 下列是机械密封的特点的是(　　)。

A. 摩擦功率消耗小，机械密封的摩擦功率仅为软填料密封的 10%～50%

B. 抗震性好，对旋转轴的振动、偏摆以及轴对密封腔的偏斜不敏感

C. 结构较简单，对制造加工要求低

D. 发生偶然性事故时，机械密封处理较困难

答案：BD

4. 整张穿片式换热管具有(　　)等优点。

A. 换热面积大　　B. 冷却效率高　　C. 气侧压降低

D. 抗震性强　　E. 成本低

答案：ABCDE

5. 水泵并联工作的目的是(　　)。

A. 可以通过增加并联台数来增加泵站流量　　B. 可以通过开、停水泵的台数来调节泵站总流量

C. 可以提高泵站供排水的安全性　　D. 可以做到泵站各台水泵的扬程基本相等

E. 可以做到泵站并联的两台泵的装置扬程即管路阻力一样

答案：ABC

6. 关于水泵串联工作的目的和注意事项，下列说法正确的是(　　)。

A. 串联后水泵的总扬程为所有串联水泵扬程的总和，流量等于第一台水泵的流量

B. 当串联安装的水泵流量不等时，总流量应等于所有串联水泵中流量小的水泵的流量；在安装时，流量大的水泵应安装在前，流量小的水泵应安装在后

C. 当串联安装的水泵扬程不等时，应把低扬程水泵安装在前，高扬程水泵安装在后

D. 串联水泵启动时，必须先关闭所有串联水泵的出口，当第一台水泵启动后，先打开第一台水泵的出水闸阀，然后启动第二台水泵，再打开第二台水泵的出口闸阀，以此类推

答案：ABCD

7. 轴流泵不出水，是由于(　　)。

A. 水泵转向不对　　B. 叶片断裂或固定失灵　　C. 叶片安放角度不对

D. 叶轮淹没深度不够　　E. 转速未达到额定值

答案：ABD

8. 机组启动过程中，遇(　　)情况应作事故处理，紧急停机。

A. 主开关合闸后10s电动机转子仍不转动　　B. 机组启动后15~20s内投不上励磁

C. 辅机系统故障严重影响主机组安全运行　　D. 机组转动部分有严重碰撞声

E. 系统电源消失，母线或电动机短路等

答案：ABCDE

9. 真空泵常见故障与对应原因正确的是(　　)。

A. 消耗功率过高：产生沉淀物　　B. 尖锐噪声：产生气蚀、工作液流量过高

C. 泵不能产生真空：无工作液、系统泄漏严重、旋转方向错误

D. 真空度太低：泵太小、工作液流量太小、工作液温度过高(>15℃)、磨蚀量过大、系统轻度泄漏、密封泄漏

答案：ABCD

10. 变压器油中溶解气体的色谱分析，主要是(　　)不应超标。

A. 总烃　　B. 二氧化碳　　C. 乙炔

D. 氢　　E. 一氧化碳

答案：ACD

11. 变压器温升的大小与(　　)相关。

A. 变压器周围的环境温度　　B. 变压器的损耗

C. 变压器的散热能力　　D. 变压器绕组的排列方式

E. 吸湿器吸收水分

答案：BC

12. 机组运行过程中，遇到(　　)情况之一，应迅速查明原因及时处理；一时不能排除，应停机检查。

A. 机组冷却水中断　　B. 上、下导轴承油油箱(盆)油温过高(超过40℃)

C. 碳刷火花过大　　D. 直流电源消失

E. 辅机设备故障短时间内无法排除

答案：ABCDE

13. 引起油泵效率下降和油压系统油压力减小的常见原因有(　　)。

A. 油泵磨损　　B. 吸入油泵的油量减少　　C. 泄漏量大

D. 油黏度的影响　　E. 电机转速小

答案：ABCD

14. 油压系统发生故障的原因有(　　)。

A. 设备的机械故障　　B. 操作失误造成液压系统故障

C. 液压油的质量造成油压系统故障　　D. 油压系统进水的影响

E. 液压油中混入空气

答案：ABC

15. 延长钢丝绳使用寿命的途径有(　　)。

A. 合理的维护和保养　　B. 选择大的滑轮和卷筒直径

C. 选择适宜的滑轮材料　　D. 提高安全系数

答案：ABCD

16. 下列关于金属结构的无损探伤检验说法正确的是(　　)。

A. 渗透探伤不仅可用于检查磁性材料，还能检查有色金属和非金属等材料

B. 射线探伤是采用 X 射线或 γ 射线检查内部缺陷的无损检验方法

C. 着色检验一般适用于较小焊件表面缺陷的检验

D. 荧光检验是用来发现焊件内部缺陷的一种方法

答案：ABC

三、简答题

1. 简述泵站产生水锤的原因。

答：泵站中发生水锤的原因主要是：由于水泵组在运行中突然停电或机械设备因发生故障等原因而停止转动。水泵突然停止时，输水管中的水流由于惯性力的作用仍继续向前运动，引起输水管道上止回阀后压力下降，若压力降低到水的汽化压力以下，所在部位就会产生水柱分离，瞬间分离的水再度弥合，这时将产生很大的冲击力，叫做水锤。

2. 简述泵站变配电间位置选择的原则。

答：(1)接近负荷中心；(2)进出线方便；(3)接近电源侧；(4)设备运输方便；(5)不应设在有剧烈振动或高温的场所；(6)不宜设在多尘或有腐蚀性气体的场所，当无法远离时，不应设在污染源盛行风向的下风侧；(7)不应设在厕所、浴室或其他经常积水场所的正下方，且不宜与上述场所相邻；(8)不应设在有爆炸危险环境的正上方或正下方，且不宜设在有火灾危险环境的正上方或正下方，当与有爆炸或火灾危险环境的建筑物毗连时，应符合现行国家标准《爆炸和火灾危险环境电力装置设计规范》的规定；(9)不应设在地势低洼和可能积水的场所。

3. 简述水泵杂声并伴有振动的原因。

答：(1)基础螺丝松动；(2)叶轮损坏或局部堵塞；(3)泵轴弯曲，轴承磨损或损坏较大；(4)直接传动二轴中心偏移；(5)集水井低于技术水位，产生气蚀；(6)泵内杂物堵塞；(7)进水管漏气或管端淹没深度不够，水面形成漏斗，吸入空气；(8)联轴器的螺母松动；(9)叶轮平衡差。

4. 简述电容器组巡视检查的内容。

答：每天至少 1 次，夏季气温较高或系统电压较高时应增加检查次数，检查内容有：(1)电容外壳有无膨胀；(2)是否有渗漏现象；(3)运行声音是否正常；(4)有无放电火花的现象；(5)熔丝是否熔断；(6)示温蜡片是否融化。

5. 简述设备润滑工作的目的和意义。

答：设备润滑工作的目的是减缓磨损，提高设备效率，降低动力消耗，延长设备的使用寿命，保证设备安全运行和正常生产。

6. 简述埋设预留孔中的地脚螺栓的要求。

答：(1)地脚螺栓在预留孔中应垂直，无倾斜。

(2)螺栓无污油，孔内无杂物及积水。

(3)地脚螺栓任一部分离孔壁的距离应大于 15mm，地脚螺栓底端不应碰孔底。

7. 简述普通平键与普通楔键在装配时的不同点。

答：普通平键要求在装配时，两侧面与键槽紧密接触、无间隙，与轮毂键槽底面有间隙；而普通楔键要求上下面应与轴的轮毂的键槽底面紧密接触、无间隙。

8. 简述设备用调整螺钉调平时应符合的要求。

答：(1)不做永久性支撑的调整螺钉调平后，设备底座下应用垫铁垫实，再将调整螺钉松开。

(2)调整螺钉支撑板的厚度应大于螺钉的直径。

(3)支撑板应水平，并应稳固装设在基础面上。
(4)作为永久性支撑的调整螺钉伸出设备底座底面的长度应小于螺钉的直径。

四、实操题

1. 高压供配电系统单线绘制、操作及工作票审核。
考核细则如下：
(1)是否正确填写《倒闸工作票》。
(2)单线图上是否注明带电部位及接地部位。
(3)操作顺序是否正确。
(4)是否遵循操作组织措施和技术措施。
(5)是否正确使用验电器、放电棒、接地线和绝缘手套。
(6)是否熟悉安全距离。
(7)是否正确悬挂警告牌。
(8)是否带负荷拉刀闸。
(9)是否违反安全操作规定。
(10)是否审核《倒闸工作票》。
2. 泵站设备验收。
考核细则如下：
(1)是否熟悉变、配电设备安装验收标准，是否对高压设备、变压器进行耐压试验。
(2)是否对低压设备的动、静状态进行验收。
(3)是否熟悉电动机安装验收标准，进行试运转。
(4)是否熟悉水泵安装验收标准并进行试运转。
(5)是否对泵站辅助设备按安装验收标准进行试运转验收。
(6)是否进行班组安全生产的检查和指导。
3. 简述止回阀的日常维修项目。
答：(1)确保阀板运动无卡阻。
(2)确保密封、阀体完好、无渗漏。
(3)确保连接螺栓与垫片完好、紧固，阀腔连接螺栓与垫片完好、紧固。
(4)确保阀体无渗漏，活塞式油缸不渗油。
(5)确保柔性止回阀透气管畅通。
(6)确保缓闭式阀杆平衡锤位置合理。
(7)确保阀体清洁。
4. 简述水泵电动机的日常维护。
答：(1)做好电动机外壳、电缆接线盒等处的清洁工作，并保持清洁。
(2)雨季或潮湿天气，应对电动机进行除湿、保温。
(3)适时加注润滑油脂并排除废油脂，保持轴承良好的润滑。滑动轴承应保持正常的油位，油路应畅通，注意适时添加润滑油；
(4)冷却水管路应保持畅通无堵。
(5)经常做好绕线式电动机的滑环、电刷、电刷架及引线等处的清扫工作，每周至少清扫1次电刷磨损散落的粒子，必须保持该处的清洁。滑环表面如有氧化或凹凸不平，必须磨光并保证圆度及光洁度。如调换电刷，则应与滑环保持面接触，并调整电刷的压力，使之达到规定的要求。
5. 简述离心泵运行中的注意事项。
答：(1)检查各种仪表工作是否正常，如电流表、电压表、真空表、压力表等。如发现读数过大、过小或数值剧烈跳动，都应及时查明原因，予以排除。如真空表读数突然上升，可能是进水口堵塞或进水池水面下降使吸程增加；若压力表读数突然下降，可能是进水管漏气、吸入空气或转速降低。
(2)水泵运行时，填料的松紧度应该适当。压盖过紧，填料箱渗水太少，起不到水封、润滑、冷却作用，容易引起填料发热、变硬，加快泵轴和轴套的磨损，增加水泵的机械损失；填料压得过松，渗水过多，会造成大量漏水，或使空气进入泵内，降低水泵的容积效率，导致出水量减少，甚至不出水。一般情况下，填料的松紧度以每分钟能渗水20滴左右为宜，可用填料压盖螺纹来调节。

(3)轴承温升一般不应超过30～40℃，最高温度不得超过60～70℃。轴承温度过高，将使润滑失效，烧坏轴瓦或引起滚动体破裂，甚至会引起断轴或泵轴热胀咬死的事故。温升过高时，应马上停车检查原因，及时排除。

(4)防止水泵的进水管口淹没深度不够，导致进水口附近产生旋涡，使空气进入泵内。应及时清理拦污格栅和进水池中的漂浮物，以免阻塞进水管口。上述两者均会增大进水阻力，导致进口压力降低，甚至引起气蚀。

(5)注意油环是否自由地随同泵轴做不同步的转动。随时听机组声响是否正常。

(6)停车前先关闭出水闸阀，实行闭闸停车。然后，关闭真空表及压力表上的阀，把泵和电动机表面的水和油擦拭干净。在无采暖设备的房间中，冬季停车后，要避免水泵冻裂。

6. 简述离心泵水泵机组产生振动和噪声的原因及应对措施。

答：见下表。

序号	问题原因	解决方法
1	地脚螺栓松动	紧固螺栓
2	安装时联轴器不同心	调整、校正联轴器
3	水泵产生气蚀	增加吸水口淹没深度
4	轴承磨损或损坏	更换轴承
5	泵内异物卡住	打开泵壳，清理异物
6	出水管存留空气	在存留空气处安装排气阀

7. 简述 SF_6 高压环网柜的停电操作程序。

答：(1)首先，确认该线路负荷都已停电。

(2)将操作手柄插入高压环网柜上侧负荷开关操作孔中，用力向右推至“O”位，使负荷开关断开。

(3)负荷开关断开后，用环网柜专用验电器验电，验电器指示灯不亮，表明开关已断开。

(4)然后，将操作手柄插入中间隔离刀闸操作孔中，向右推至“O”位，使隔离开关断开。

(5)最后，将操作手柄插入右侧接地操作孔中，向右推至“I”位，使其接地。

8. 简述有毒有害气体的检测方法。

答：在有限空间或者空气流通比较差的场所，有毒有害气体的浓度因位置不同而有显著差别。因此，在这些场所进行浓度测定时，原则上要在垂直方向和水平方向上分别取3个以上取样点进行测定。当作业场所积存的污水或淤泥较多时，要进行外部搅拌，使水中的有毒有害气体扩散到空气中后，再测定其浓度。如果无法从外部进行搅拌，即使测定的浓度在标准值以下，也要佩戴上适当的安全防护用品再进行作业，且作业过程中必须不间断鼓风。

第四章

技　师

第一节　安全知识

一、单选题

1.《特种设备安全监察条例》规定，使用单位对在用的特种设备应当至少(　　)进行1次自行检查。

A. 每个月　　B. 每季　　C. 每半年　　D. 每年

答案：A

2. 对未履行《中华人民共和国安全生产法》规定的安全生产管理职责的生产经营单位的主要负责人，责令限期改正；逾期未改正的，处(　　)的罚款，责令生产经营单位停产停业整顿。

A. 二万元以上五万元以下　　B. 二万元以上十万元以下

C. 五万元以上十万元以下　　D. 二万元以上十万元以下

答案：A

3. 生产经营单位的主要负责人未履行《中华人民共和国安全生产法》规定的安全生产管理职责，导致发生重大生产安全事故的，由安全生产监督管理部门处上一年年收入(　　)的罚款。

A. 30%　　B. 40%　　C. 60%　　D. 80%

答案：C

4. 依据《中华人民共和国消防法》的规定，城市人民政府应当将消防安全布局、消防站、消防供水、消防车通道等城市规划的内容纳入(　　)，并负责组织实施。

A. 城市市政预算规划　　B. 城乡总体规划　　C. 城市市政档案规划　　D. 城市治理规划

答案：B

5. 供电局调度值班员王某令供电值班员小李给3号线路送电。小李说：没接到外线作业班作业完毕的作业票。王某讲：已经打过电话了，外线作业班已经完成作业了，而且，3号线路上的水泥厂还等着送电呢。在王某的再三催促下，小李给3号线路送了电，结果造成了外线作业班5人触电死亡。根据《中华人民共和国刑法》规定，应追究王某(　　)。

A. 重大责任事故罪　　B. 强令违章冒险作业罪　　C. 重大劳动安全事故罪　　D. 渎职罪

答案：B

6. 机动车在高速公路上行驶时，标明的最高时速不超过120km/h，最低时速不低于(　　)。

A. 60km/h　　B. 70km/h　　C. 80km/h　　D. 90km/h

答案：A

7. 饮酒驾车是指驾驶员血液酒精含量(　　)时的驾驶行为。

A. ≤10mg/mL　　B. ≥20mg/mL　　C. ≥80mg/mL　　D. ≥20mg/mL且<80mg/mL

答案：D

8. 在有限空间内或邻近处进行涂装作业和动火作业时，应遵循的原则是(　　)。

A. 无所谓　　B. 先进行涂装作业，后进行动火作业

C. 同时进行两种作业　　D. 先进行动火作业，后进行涂装作业

答案：D

9. 下列对通风描述正确的是(　　)。

A. 风机与发电设备应放置在同一处

B. 使用纯氧迅速提高有限空间内的氧含量

C. 作业时，风管应送至作业面进行有效通风

D. 通风时间与有限空间内空间大小、气体浓度等因素无关

答案：C

10. 对某井室进行气体检测，上层氧含量读数分别为20.9% vol、20.8% vol、21.0% vol，中层氧含量读数分别为20.9% vol、20.8% vol、20.7% vol，下层氧含量读数分别为20.7% vol、20.6 % vol、20.5 % vol，下列记录数据正确的是(　　)。

A. 上层氧含量读数为21.0% vol，中层氧含量读数为20.9% vol，下层氧含量读数为20.7% vol

B. 上层氧含量读数为20.9% vol，中层氧含量读数为20.8% vol，下层氧含量读数为20.6 % vol

C. 上层氧含量读数为20.9% vol，中层氧含量读数为20.8% vol，下层氧含量读数为20.7% vol

D. 上层氧含量读数为20.8% vol，中层氧含量读数为20.7% vol，下层氧含量读数为20.5% vol

答案：D

11. 实施心肺复苏术时，胸外心脏按压的频率应至少达到每分钟(　　)。

A. 30 ~ 50 次　　B. 50 ~ 80 次　　C. 80 ~ 100 次　　D. 100 ~ 120 次

答案：D

12. 可靠性预计是根据零部件的可靠性数据来估算产品的可靠性指标。下列关于系统可靠性预计的描述正确的是(　　)。

A. 串联系统的单元数与可靠性无关　　B. 并联系统的单元数与可靠性无关

C. 串联系统的单元数越多，则系统的可靠性越高　　D. 串联系统的单元数越多，则系统的可靠性越低

答案：D

13. 为便于故障发生时快速修复，同时考虑经济性和备用性，应采用零件标准化、部件通用化、设备系列化的产品。这是人机系统可靠性设计中的(　　)原则。

A. 系统整体可靠性　　B. 信息反馈　　C. 高维修度　　D. 预测和预防

答案：C

14. 使用气体检测报警仪进行检测时，应先测(　　)。

A. 氧气　　B. 可燃气体　　C. 硫化氢　　D. 一氧化碳

答案：A

15. 下列通风方式不正确的是(　　)。

A. 单井口井室，送风机风管置于井底　　B. 单井口井室，送风机风管置于井口

C. 双井口井室，井盖全部开启进行自然通风　　D. 在焊接作业点附近设置排风机

答案：B

16. 发电机使用前应(　　)。

A. 检查油箱中的机油是否充足

B. 检查油路开关和输油管路是否有漏油、渗油现象

C. 检查各部分接线是否裸露，插头有无松动，接地线是否良好

D. 包括以上三项

答案：D

17. (　　)的存在会对一氧化碳传感器检测的准确性产生影响。

A. 氧气　　B. 氦气　　C. 氢气　　D. 二氧化碳

答案：C

18. 实施心肺复苏术时，胸外心脏按压与放松时间相等，下压深度至少为(　　)。

A. 4cm　　B. 5cm　　C. 6cm　　D. 7cm

答案：B

19. 压力容器内高压气体迅速膨胀并高速释放内在能量的现象是(　　)爆炸现象。

A. 化学　　B. 物理　　C. 超压　　D. 水蒸气

答案：B

20.《中华人民共和国安全生产法》规定，矿山，建筑施工单位和危险品生产、经营、储存单位，应当设置安全生产管理机构或配备专职安全生产管理人员。上述以外的其他生产经营单位，从业人员超过(　　)的，应当设置安全生产管理机构或配备专职安全生产管理人员。

A. 100 人　　B. 500 人　　C. 300 人　　D. 1000 人

答案：C

21.《中华人民共和国安全生产法》规定，生产经营单位必须为从业人员提供符合国家标准或行业标准的(　　)。

A. 卫生用品　　B. 防寒用品　　C. 劳动防护用品　　D. 防暑降温用品

答案：C

22.《生产安全事故报告和调查处理条例》规定，事故发生后，有关单位和人员应当(　　)并寻找相关证据，任何单位和个人不得破坏事故现场、毁灭相关证据。

A. 妥善保护事故现场　　B. 开展事故调查　　C. 进行事故追究　　D. 罚款

答案：A

23.《使用有毒物品作业场所劳动保护条例》规定用人单位不得安排未成年人和孕期、哺乳期的女职工从事(　　)的作业。

A. 重劳动　　B. 粉尘作业　　C. 使用有毒物品　　D. 动火作业

答案：C

24.《危险化学品安全管理条例》规定，生产、储存、使用剧毒化学品的单位，应当对本单位的生产、储存装置每(　　)进行 1 次安全评价。

A. 1 年　　B. 2 年　　C. 3 年　　D. 4 年

答案：A

25. 国家标准《安全色》(GB 2893—2008)中规定的 4 种安全色是(　　)。

A. 红、蓝、黄、绿　　B. 红、蓝、黑、绿　　C. 红、青、黄、绿　　D. 白、蓝、黄、绿

答案：A

26. 依据《中华人民共和国安全生产法》的规定，生产经营单位与从业人员签订的劳动合同。应当写明保障从业人员劳动安全和(　　)的事项，以及依法为从业人员办理工伤社会保险的事项。

A. 加强劳动保护　　B. 防止职业危害　　C. 搞好职业卫生　　D. 减少环境污染

答案：B

27. 防止毒物危害的最佳方法是(　　)。

A. 穿工作服　　B. 佩戴呼吸器具　　C. 使用无毒或低毒的代替品　　D. 佩戴口罩

答案：C

28. 绝缘手套和绝缘鞋除按期更换外，还应做到每次使用前进行(　　)检查。

A. 绝缘性能　　B. 可靠程度　　C. 透气性能　　D. 防滑性能

答案：A

29. 一线工人的职业性安全健康监护体检周期为(　　)1 次。

A. 1 年　　B. 2 年　　C. 3 年　　D. 5 年

答案：A

30. 工会组织对职业病防治工作进行(　　)，维护劳动者的合法权益。

A. 监督　　B. 检查　　C. 建议　　D. 负责

答案：A

31. 事故应急救援的特点不包括( )。

A. 不确定性和突发性　　B. 应急活动的复杂性

C. 后果易猝变、激化和放大　　D. 应急活动时间长

答案：D

32. 消防应急灯具的应急工作时间应不小于( )，且不小于灯具本身标称的应急工作时间。

A. 15min　　B. 30min　　C. 60min　　D. 90min

答案：D

33. 从防止触电角度来说，绝缘、屏护和间距是防止( )的安全措施。

A. 电磁场伤害　　B. 间接接触电击　　C. 静电电击　　D. 直接接触电击

答案：D

34. 电路中发生短路时，可能引起( )。

A. 母线电压升高　　B. 回路电流增大　　C. 电压频率增加　　D. 导体温度下降

答案：B

35. 火灾分类中的A类火灾是指( )。

A. 液体火灾　　B. 固体火灾　　C. 金属火灾　　D. 气体火灾

答案：A

36. 消火栓周围( )内严禁停车，避免影响其正常使用。

A. 5m　　B. 15m　　C. 25m　　D. 35m

答案：A

37. 下列安全帽使用及保养注意事项错误的是( )。

A. 佩戴前，应检查安全帽各配件有无破损，装配是否牢固，帽衬调节部分是否卡紧，插口是否牢靠，绳带是否系紧

B. 安全帽在使用时受到较大冲击后，即应更换受损的安全帽

C. 安全帽清洗后应放在暖气片上烘干

D. 安全帽应避免重物挤压或尖物碰刺

答案：C

38. 吊装质量大于等于( )的重物和土建工程主体结构，应编制吊装作业方案。

A. 20t　　B. 30t　　C. 40t　　D. 50t

答案：C

39. 临时用电组织设计及变更时，必须履行( )程序，由电气工程技术人员组织编制，经相关部门审核及具有法人资格的企业技术负责人批准后实施。变更用电组织设计时应补充有关图纸资料。

A. 编制、审核、批准　　B. 上报、审核、公示　　C. 上报、审核、批准　　D. 计划、报批、审核

答案：A

40. 动火作业属于高危险作业。下列作业中，不属于动火作业的是( )。

A. 焊接作业　　B. 切割作业　　C. 使用砂轮打磨　　D. 喷漆作业

答案：D

41. ( )是爆炸下限的简称。

A. LEL　　B. UEL　　C. PC-TWA　　D. PC-STEL

答案：A

42. 有限空间作业过程中使用到的相关安全防护设备、器材，要求关键环节必须采取( )，从而确保整个作业过程安全顺利进行。

A. 单一设计　　B. 落实到位　　C. 严格执行　　D. 冗余设计

答案：D

43. 带有旁通阀的闸阀在开启前应先( )。

A. 关闭旁通阀　　B. 打开旁通阀　　C. 将旁通阀打开1/2　　D. 将旁通阀打开3/4

答案：B

44. 在机械安全设计与机器安装中，车间中设备的合理布局可以减少事故发生。车间布局应考虑的因素是(　　)。

A. 照明、空间、管线布置、维护时的出入安全

B. 预防电气危害、空间、维护时的出入安全、管线布置

C. 预防电气危害、照明、空间、降低故障率

D. 空间、管线布置、照明、降低故障率

答案：A

45. 机械上常在防护装置上设置检修用的可开启的活动门，活动门不关闭，机器就不能开动；在机器运转时，活动门一打开，机器就停止运转，这种功能称为(　　)。

A. 安全联锁　　B. 安全屏蔽　　C. 安全障碍　　D. 密封保护

答案：A

46. 起重机钢丝绳编接长度应大于(　　)绳直径，且不小于(　　)。

A. 15 倍，300mm　　B. 10 倍，300mm　　C. 15 倍，150mm　　D. 10 倍，150mm

答案：A

47. 正压式呼吸器中的复合碳纤维气瓶使用寿命是(　　)。

A. 10 年　　B. 12 年　　C. 15 年　　D. 16 年

答案：C

二、多选题

1. 下列关于爆炸极限的说法中正确的有(　　)。

A. 可燃性混合物的爆炸极限范围越宽，其爆炸危险性越大

B. 可燃性混合物的爆炸下限越低，其爆炸危险性越大

C. 可燃性混合物的爆炸下限越高，其爆炸危险性越大

D. 爆炸极限是一个物理常数

E. 爆炸极限随可燃性混合物所处环境的变化而变化

答案：ABE

2. 清洁生产的内容包括(　　)。

A. 清洁的能源　　B. 清洁的生产过程　　C. 清洁的产品　　D. 清洁的服务

答案：ABCD

3. 生产经营单位应当具备《中华人民共和国安全生产法》和有关法律、行政法规和(　　)规定的安全生产条件。

A. 国家标准　　B. 行业标准　　C. 企业标准　　D. 岗位标准

答案：AB

4. 施工现场临时用电组织设计应包括(　　)。

A. 现场勘测，进行负荷计算，选择变压器，设计配电系统和防雷装置

B. 确定电源进线、变电所或配电室、配电装置、用电设备位置及线路走向

C. 确定防护措施，制定安全用电措施和电气防火措施

D. 办理用电审批

答案：ABC

5. 事故应急救援的基本要求是(　　)。

A. 迅速　　B. 准确　　C. 有效　　D. 汇报

答案：ABC

6. 依据《安全生产许可证条例》的规定，国家安全生产监督管理部门负责中央管理的(　　)安全生产许可证的颁发和管理。

A. 煤矿企业　　B. 非煤矿矿山企业　　C. 危险化学品生产企业

D. 烟花爆竹生产企业　　E. 建筑施工企业

答案：BCD

7. 下列符合有限空间安全作业规定的是(　　)。

A. 必须严格实行作业审批制度，严禁擅自进入有限空间作业

B. 必须做到先通风、再检测、后作业，严禁通风、检测不合格作业

C. 必须配备个人防中毒窒息等防护装备，设置安全警示标识，严禁无防护监护措施作业

D. 必须对作业人员进行安全培训，严禁教育培训不合格人员上岗作业

答案：ABCD

8. 有限空间作业现场设置的信息公示牌应包含(　　)。

A. 作业单位名称与注册地址　　B. 主要负责人姓名与联系方式

C. 现场负责人姓名与联系方式　　D. 现场作业的主要内容

答案：ABCD

9. 在火灾扑救中，阻断火灾三要素的任何一个要素就可以扑灭火灾。火灾的三要素是指(　　)。

A. 氧化剂　　B. 还原剂　　C. 点火源

D. 可燃物　　E. 高温固体

答案：ACD

三、简答题

1. 简述造成电气设备短路的主要原因。

答：(1)电气设备载流部分绝缘损坏或设备本身不合格；(2)绝缘强度不够被正常电压击穿，或设备绝缘正常但也被电压击穿；(3)设备绝缘被外力损伤而造成电路短路；(4)工作人员未遵守安全操作规程发生误操作；(5)鸟兽越过裸露相线之间或相线与物之间等。

第二节　理论知识

一、单选题

1. 能够依靠介质的流动自动开闭阀瓣的阀门是(　　)。

A. 止回阀　　B. 蝶阀　　C. 闸板阀　　D. 鸭嘴阀

答案：A

2. 水泵运行中如发生供水压力低、流量下降、管道振动、泵窜轴等现象，原因是(　　)。

A. 不上水　　B. 出水量不足　　C. 水泵汽化　　D. 管路堵塞

答案：C

3. 离心泵电流超高的原因是(　　)。

A. 填料压盖松　　B. 润滑不好形成干摩擦　　C. 液体比重或黏度小　　D. 口环间隙大

答案：B

4. 一般变压器的容量是按(　　)来选择的。

A. 最大短路电流　　B. 最大视在功率　　C. 最大负荷　　D. 最大有效功率

答案：C

5. 提供安全电压的电气设备是(　　)。

A. 电流互感器　　B. 电压互感器　　C. 照明变压器　　D. 电力变压器

答案：C

6. 使用中的水泵低压电动机的绝缘电阻值要求为(　　)以上。

A. 0.5MΩ　　B. 1MΩ　　C. 2MΩ　　D. 5MΩ

答案：A

7. 一台直接启动的电动机，其熔体的额定电流为电机额定电流的(　　)。

A. 3 ~4 倍　B. 2.5 ~3.5 倍　C. 1.5 ~2.5 倍　D. 1 ~2 倍

答案：C

8. 更换的熔体应与原来使用的熔体的(　　)相符。

A. 额定电流　B. 额定电压　C. 形状　D. 大小

答案：A

9. 常用工业交流电的频率为(　　)。

A. 40Hz　B. 50Hz　C. 75Hz　D. 100Hz

答案：C

10. 在使用兆欧表前，应先检查兆欧表的(　　)。

A. 电压等级　B. 电流等级　C. 电阻等级　D. 绝缘等级

答案：A

11. 电动机容许电压在(　　)范围内长时间运行。

A. ±10%　B. 10%　C. －10%　D. ±5%

答案：A

12. 当变压器发生严重故障时，首先应(　　)。

A. 切断电源　B. 检查故障　C. 汇报领导　D. 继续使用

答案：A

13. 使用中的低压电动机的绝缘电阻值应达(　　)以上。

A. 0.2MΩ　B. 0.4MΩ　C. 0.5MΩ　D. 1MΩ

答案：C

14. 填料放入填料筒后，压板压入(　　)深度即可。

A. 1/4　B. 1/3　C. 3/2　D. 1/2

答案：B

15. 有一台水泵的流量为1.8m^3/s，则其运转20min的排放量是(　　)。

A. 1080t　B. 1150t　C. 2160t　D. 2400t

答案：C

16. 为了保持电机绝缘，长期不运行的电机应每(　　)试车1次。

A. 5天　B. 7天　C. 10天　D. 15天

答案：D

17. 用兆欧表测量绝缘电阻时，一般采用(　　)后的读数。

A. 30s　B. 50s　C. 1min　D. 2min

答案：C

18. 泵站的栏杆、扶梯、平台等设施应保持清洁，须油漆的应定期油漆，室内设施油漆周期为每(　　)1次，室外设施油漆周期为每年1次。

A. 半年　B. 1年　C. 2年　D. 3年

答案：C

19. 在排水泵站中，A、B、C三相交流电习惯用(　　)表示。

A. 黄、绿、红　B. 红、绿、黄　C. 红、黄、绿　D. 黄、红、绿

答案：A

20. 在万用表的标度盘上标有“AC”的标度尺为测量(　　)时用的。

A. 直流电压　B. 直流电流　C. 直流　D. 交流

答案：D

21. 低压空气开关的动作电流应(　　)电动机的启动电流。

A. 小于　B. 大于　C. 等于　D. 无要求

答案：B

22. 某泵站一个月共运转240h，其电动机的配用功率为155kW，那么统计用电数为(　　)。

A. 15500kW·h　　B. 18600kW·h　　C. 37200kW·h　　D. 74400kW·h

答案：C

23. 某一电器两端电压为100V，通过的电流为5A，该电器的功率为(　　)。

A. 20W　　B. 95W　　C. 105W　　D. 500W

答案：D

24. 下集水池工作时所用的照明电压为(　　)。

A. 小于等于12V　　B. 24V　　C. 36V　　D. 42V

答案：A

25. 水平仪不可应用于(　　)的测量。

A. 孔的深度　　B. 机床类设备导轨的平面度

C. 设备安装的水平位置　　D. 相对于水平位置的倾斜角

答案：A

26. 表达水利工程的布局、位置、类别等内容的图样是(　　)。

A. 规划图　　B. 勘测图　　C. 建筑物结构图　　D. 施工图

答案：A

27. 电气图按其在系统中的作用，可分为一次接线图和(　　)。

A. 直流接线图　　B. 交流接线图　　C. 设备接线图　　D. 二次接线图

答案：D

28. 黑色金属是指以(　　)为基础形成的合金。

A. 钢　　B. 铁　　C. 铜　　D. 镍

答案：B

29. 正弦交流电的三要素是指频率、(　　)和初相角。

A. 周期　　B. 最大值　　C. 瞬时值　　D. 平均值

答案：B

30. 星形连接的三相对称负载的线电压是相电压的(　　)。

A. $1/\sqrt{3}$倍　　B. $\sqrt{3}$倍　　C. $\sqrt{2}$倍　　D. 3 倍

答案：B

31. 研究电流电路的电流与电压关系时，必须同时考虑(　　)、电阻、电容三个基本参数。

A. 电场　　B. 电感　　C. 电势　　D. 电磁

答案：B

32. 防雷装置的安全要求不包括(　　)。

A. 应有足够的机械强度和载流能力　　B. 防止电击、电伤事故

C. 应能防止雷击导致的火灾爆炸　　D. 定期对防雷装置进行安全检查

答案：B

33. 负荷开关是一种与(　　)功能相近的电气设备。

A. 断路器　　B. 隔离开关　　C. 熔断器　　D. 补偿器

答案：A

34. 下列不属于软启动器优点的是(　　)。

A. 接线简单，维护方便　　B. 启动平稳，可靠性高　　C. 节约电能　　D. 造价较低

答案：D

35. 干式变压器用环氧树脂作绝缘材料，绝缘等级为(　　)级。

A. A　　B. B　　C. E　　D. F

答案：D

36. 数字式仪表的特点是将被测量的参数进行(　　)，直接以数字量显示，可以加上选测控制系统构成巡回检测装置，实现对多种对象的远距离测量。

A. 能量转换　B. 电磁转换　C. 光电转换　D. 模数转换

答案：D

37. 混流泵的叶轮大都是(　　)。

A. 球体　B. 圆柱体　C. 圆锥体　D. 柱体

答案：C

38. 离心泵出水管上的(　　)可防止停机引起的水倒流。

A. 真空破坏阀　B. 逆止阀　C. 闸阀　D. 电动阀

答案：B

39. 大型水泵机组电动机主轴与水泵主轴多采用(　　)连接。

A. 联轴器　B. 外法兰　C. 套管　D. 直接

答案：B

40. 交流接触器发生异常噪声的主要因素是(　　)。

A. 电压过高　B. 短路环损坏　C. 线圈开路　D. 电压过低

答案：B

41. 水泵机组运行操作必须按照(　　)进行。

A. 操作规程　B. 安全要求　C. 水泵性能曲线　D. 技术规范

答案：A

42. 泵站选用的配电装置大多是屋内装置，下列描述中错误的是(　　)。

A. 允许净距小，可分层布置，占地面积小

B. 布置在室内操作，方便巡视维护，不受外界气候影响

C. 外界污秽空气及灰尘对设备影响较小，可减轻维护工作量

D. 与室外配电设备相比，土建投资及设备投资较小

答案：D

43. 润滑油与温度的关系是(　　)。

A. 无关　B. 温度升高，黏度变大；温度降低，黏度变小

C. 温度升高，黏度变小；温度降低，黏度变大　D. 温度高，黏度变化大；温度低，黏度变化小

答案：C

44. 液位计根据(　　)和磁性耦合作用研制而成。

A. 机械原理　B. 电力原理　C. 气压原理　D. 浮力原理

答案：D

45. 职业道德是从事一定职业的人，在工作或劳动中，应遵循的与其(　　)紧密联系的道德规范的总和。

A. 思想活动　B. 经济活动　C. 政治活动　D. 职业活动

答案：D

46. 一台水泵机组是由具有一定质量的多个零部件组合而成的(　　)，它旋转时所产生的旋转力不可能绝对平衡。

A. 刚性部件　B. 运动单元　C. 刚性组合体　D. 弹性组合体

答案：D

47. 泵站运行管理人员应按规定经(　　)，持证上岗。

A. 高等院校毕业　B. 上级部门同意　C. 泵站领导审核　D. 培训和考核

答案：D

48. 从一批相同的零件中任取一件，不经修配就能装配使用，并能保证使用性能要求的性质称为(　　)。

A. 公差　B. 配合　C. 互换性　D. 尺寸偏差

答案：C

49. 下列有关尺寸公差的公式错误的是(　　)。

A. 上偏差 = 最大极限尺寸 − 基本尺寸　B. 下偏差 = 最小极限尺寸 − 极限尺寸

C. 公差 = 最大极限尺寸 − 最小极限尺寸　D. 公差 = 上偏差 − 下偏差

答案：B

50. ø80H8 表示圆柱零件，基本尺寸为 80mm，( )。

A. 公差等级为 8 的基准孔　　B. 上偏差为 8mm

C. 偏差为 8mm　　D. 基本偏差代号为 H，公差等级为 8 级的轴

答案：A

51. 基本尺寸相同的情况下，IT01 与 IT18 相比，IT01 的公差值( )。

A. 大　　B. 小　　C. 相等　　D. 相近

答案：B

52. 倾斜度公差属于位置公差中的( )公差。

A. 定位　　B. 定向　　C. 位置　　D. 跳动

答案：B

53. 在满足使用要求的前提下，应尽量选用( )的粗糙度参数值。

A. 常用　　B. 较小　　C. 相同　　D. 较大

答案：B

54. 枢纽布置图的特点是( )。

A. 可以画在地形图上　　B. 应画在地形图上

C. 不能只画出建筑物的主要轮廓　　D. 重力坝枢纽布置图可不画在地形图上

答案：B

55. 技术方案编写的依据是( )及有关操作规程。

A.《泵站设计规范》　　B.《泵站更新改造技术规范》

C.《泵站技术管理规程》　　D.《大型泵站设备设施运行规程》

答案：C

56. 泵站效率应根据泵型、泵站设计扬程或( )，以及水源的含沙量情况确定，并符合《泵站技术管理规程》有关规定。

A. 平均净扬程　　B. 最大扬程　　C. 最小扬程　　D. 泵站功率

答案：A

57. 润滑和冷却用油应符合( )的规定。

A. 冷却油厂家　　B. 润滑油厂家　　C. 水泵生产厂家　　D. 泵站领导

答案：C

58. 一台水泵机组是由具有一定质量的多个零部件组合而成的弹性组合体，它旋转时所产生的旋转力( )，同时还有流量和压力波动的影响。

A. 不可能绝对平衡　　B. 保持平衡

C. 应绝对平衡　　D. 不能有波动

答案：A

59. 电接点双金属温度计应用于生产现场对温度须自动控制和( )的场合。

A. 校核　　B. 调节　　C. 报警　　D. 显示

答案：C

60. 启动过程引起的振动对于采用拍门的平直管式流道就是一重阻尼式的( )。

A. 水锤振动　　B. 空气的排除过程　　C. 气蚀振动　　D. 机械振动

答案：A

61. 运行( )是衡量水泵机组工作性能的重要指标。

A. 可靠性　　B. 稳定性　　C. 正确性　　D. 准确性

答案：B

62. 运行期间应定期巡视检查技术供水水压及( )是否正常。

A. 示流信号　　B. 渗漏信号　　C. 溢流信号　　D. 损失信号

答案：A

63. 恒流直流电是指(　　)都不随时间变化的电动势。
A. 大小和方向　B. 电流和电压　C. 电流和电阻　D. 电压和电阻
答案：A
64. 将大电流变换为小电流的电气设备是(　　)。
A. 电力变压器　B. 电压互感器　C. 电流互感器　D. 行灯变压器
答案：C
65. 把一通电直导线绕成一个螺线管，则其电流(　　)。
A. 变大　B. 不变　C. 变小　D. 无法判断
答案：B
66. 泵机停止运行时，应听(　　)。
A. 集水池的水流声　B. 压力窨井的水流声　C. 闸阀关闭的响声　D. 拍门关闭的响声
答案：D
67. 照明电路中出现(　　)的情况是危害最大的。
A. 开关断线　B. 满载　C. 开关熔焊　D. 负载两端碰线
答案：D
68. 除液压启闭机外，其他各类启闭机均应装设(　　)。
A. 齿轮机构　B. 蜗杆装置　C. 螺杆装置　D. 制动装置
答案：D
69. 清污机设有机械过载保护和(　　)两种保护装置。
A. 监控装置　B. 电气过载保护　C. 扩力装置　D. 安全保护装置
答案：B
70. 闭式叶轮适用于(　　)泵中。
A. 清水　B. 污水　C. 杂质　D. 泥浆
答案：A
71. 牌号为 318 的滚动轴承内径尺寸为(　　)。
A. 30mm　B. 60mm　C. 90mm　D. 120mm
答案：C
72. 转速为 1500r/min 的水泵机组，运行时的振动不得超过(　　)。
A. 0. 06mm　B. 0. 1mm　C. 0. 13mm　D. 0. 16mm
答案：B
73. D343H-16 型阀门的阀座密封面材料为(　　)。
A. 铜合金　B. 橡胶　C. 氟塑料　D. 合金钢
答案：D
74. 进入泵的被输送液体的压力称为(　　)。
A. 操作压力　B. 排出压力　C. 额定压力　D. 输入压力
答案：D
75. D343H-16 型蝶阀的结构形式为(　　)。
A. 垂直板式　B. 斜板式　C. 杠杆式　D. 偏心式
答案：B
76. 下列阀门中不属于切断阀的是(　　)。
A. 蝶阀　B. 球阀　C. 截止阀　D. 止回阀
答案：D
77. DTD373H-10 型蝶阀的结构形式为(　　)。
A. 垂直板式　B. 斜板式　C. 杠杆式　D. 三偏心式
答案：D
78. 200WLI480-13-37 型泵的额定流量为(　　)。

A. $13m^3/h$　　B. $37m^3/h$　　C. $200m^3/h$　　D. $480m^3/h$

答案：D

79. 水泵出口压力表示(　　)。

A. 绝对压强　　B. 相对压强　　C. 真空度　　D. 静水压强

答案：B

80. 叶片泵按叶轮对液体作用原理，可分为离心泵、轴流泵和(　　)。

A. 混流泵　　B. 螺杆泵　　C. 隔膜泵　　D. 泥浆泵

答案：A

81. Z948T 型阀门的公称压力是(　　)。

A. 0. 1MPa　　B. 1. 0MPa　　C. 10MPa　　D. 100MPa

答案：A

82. 直径≥250mm 的水泵吸水管，其设计流速应为(　　)。

A. 0. 5 ~ 1. 0m/s　　B. 1. 0 ~ 1. 2m/s　　C. 1. 2 ~ 1. 6m/s　　D. 1. 6 ~ 2. 0m/s

答案：C

83. 混流泵属于(　　)系列水泵。

A. 叶片式　　B. 容积式　　C. 其他类型　　D. 特殊类型

答案：A

84. 按用途和作用分类，疏水阀属于(　　)。

A. 切断阀类　　B. 调节阀类　　C. 止回阀类　　D. 分流阀类

答案：D

85. 叶片泵流量为 0 时的扬程称为(　　)。

A. 正常操作扬程　　B. 最大扬程　　C. 额定扬程　　D. 关闭扬程

答案：D

86. 发生管路破裂或漏水时，水泵的出口压力降(　　)。

A. 升高　　B. 降低　　C. 不变　　D. 下降为 0

答案：B

87. 在同一井中安装几根吸水管时，吸水管喇叭口之间的距离不应小于吸水喇叭口直径的(　　)。

A. 0. 5 ~ 1. 0 倍　　B. 1. 0 ~ 1. 5 倍　　C. 1. 5 ~ 2. 0 倍　　D. 2. 0 ~ 2. 5 倍

答案：C

88. 当水泵输送水的压力一定时，输送水的温度越高，对应的汽化压力(　　)。

A. 越高，水就越不容易汽化　　B. 越低，水就越不容易汽化

C. 越高，水就越容易汽化　　D. 越低，水就越容易汽化

答案：C

89. 轴流泵的特点是(　　)。

A. 流量小、扬程高　　B. 流量大、扬程低　　C. 流量大、扬程高　　D. 流量小、扬程低

答案：B

90. 运行中的水泵增开出口阀门时，泵的扬程随之(　　)。

A. 增高　　B. 降低　　C. 不变　　D. 无法确定

答案：B

91. 从水泵轴线到水泵出水口或出水池水面的高度叫做水泵的(　　)。

A. 吸水扬程　　B. 出水扬程　　C. 损失扬程　　D. 总扬程

答案：B

92. 叶轮与泵轴是用平键连接的，平键的(　　)传递扭矩。

A. 一侧面　　B. 二侧面　　C. 上底面　　D. 下底面

答案：B

93. 离心泵圆盘摩擦损失的大小与叶轮直径的(　　)成正比。

A. 平方　B. 3 次方　C. 4 次方　D. 5 次方

答案：D

94. 离心泵的水力损失大部分集中在(　　)中。

A. 吸入室　B. 叶轮　C. 压出室　D. 吸水管

答案：C

95. 按工作压力划分，高压离心泵的扬程为(　　)水柱。

A. 30 ~ 50m　B. 50 ~ 100m　C. 100 ~ 650m　D. 650m 以上

答案：D

96. 质量管理的发展分为 5 个阶段：①工长质量管理；②操作者质量管理；③检验员质量管理；④全面质量管理；⑤统计质量管理，其先后次序是(　　)。

A. ①②③④⑤　B. ①③⑤④②　C. ②①③④⑤　D. ②①⑤④③

答案：A

二、多选题

1. 三菱 FX 系列 PLC 支持(　　)编程方式。

A. 梯形图(LD)　B. 继电接线图(SSR)　C. 步进流程图(SFC)　D. 指令表(ST)

答案：ACD

2. 电压型变频器与电流型变频器相较，具有的优点有(　　)。

A. 输出动态阻抗小　B. 容易实现回馈制动，主回路不需要附加设备

C. 容易实现过流及短路保护　D. 动态响应快

E. 对主回路电力半导体器件的耐压要求较低　F. 适合多机拖动，调频电源

答案：AEF

3. 对异步电动机实施变频调速控制，通常的控制方式有(　　)。

A. 恒压频比控制　B. 转差频率控制　C. 矢量控制

D. 直接转矩控制　E. 流量控制

答案：ABCD

4. 变频器按变换频率方法分类，可分为(　　)。

A. 电动机—发动机式变频器　B. 交—直—交变频器

C. 交—交变频器　D. 直—交—交变频器

答案：BC

5. 电流型变频器与电压型变频器相较，具有的优点有(　　)。

A. 输出动态阻抗小　B. 容易实现回馈制，主回路不需要附加设备

C. 容易实现过流及短路保护　D. 动态响应快

E. 对主回路电力半导体器件的耐压要求较低　F. 适合多机拖动，调频电源

答案：BCD

6. 变频器采用矢量控制与采用 V/f 控制比较，具有的特点有(　　)。

A. 控制简单　B. 静态精度高　C. 静态精度略低

D. 动态性能好　E. 控制较复杂

答案：BDE

7. 变频器输入侧与电源之间应安装(　　)。

A. 空气开关　B. 熔断器　C. 热继电器　D. 平波电抗器

答案：AB

8. 在变频器的输出侧严禁连接(　　)。

A. 电容器　B. 防雷压敏电阻　C. 功率因素补偿器　D. 电抗器

答案：ABC

9. 交流电动机的制动方式中，属于电气制动的是(　　)。

A. 自由停车　B. 电磁铁制动　C. 发电制动
D. 能耗制动　E. 反接制动
答案：CDE
10. 同步电动机的启动方法有(　　)。
A. 直接启动法　B. 调频启动法　C. 辅助电动机启动法
D. 异步启动法　E. 降压启动法
答案：BCD
11. 高压电动机常采用(　　)。
A. 电流速断保护装置作为相间短路保护　B. 电流速断保护装置作为过负荷保护
C. 反时限过电流保护装置作为过负荷保护　D. 反时限过电流保护装置作为短路保护
E. 定时限过电流保护装置作为过负荷保护
答案：AC
12. 直流电动机的调速方法有(　　)。
A. 改变电动机的电枢电压调速　B. 改变电动机的励磁电流调速
C. 改变电动机的电枢回路串联附加电阻调速　D. 改变电动机的电枢电流调速
E. 改变电动机的电枢绕组接线调速
答案：ABC
13. 直流电动机的调压调速系统的主要方式有(　　)。
A. 发电机—电动机系统　B. 晶闸管—电动机系统
C. 直流斩波和脉宽调速系统　D. 发电机—励磁系统
E. 电动机—发电机系统
答案：ABC
14. 直流调速系统的静态指标有(　　)。
A. 调速范围　B. 机械硬度　C. 静差率
D. 转速　E. 转矩
答案：ABC
15. 直流调速系统的静差率与(　　)有关。
A. 机械特性硬度　B. 额定转速　C. 理想空载转速
D. 额定电流　E. 额定转矩
答案：AC
16. 直流调速系统中，给定控制信号作用下的动态性能指标(即跟随性能指标)有(　　)。
A. 上升时间　B. 超调量　C. 最大动态速降
D. 调节时间　E. 恢复时间
答案：ABD
17. 由晶闸管可控整流供电的直流电动机，当电流断续时，其机械特性具有(　　)特点。
A. 理想空载转速升高　B. 理想空载转速下降　C. 机械特性显著变软
D. 机械特性硬度保持不变　E. 机械特性变硬
答案：AC
18. 通用变频器试运行检查主要包括(　　)等内容。
A. 电动机旋转方向是否正确　B. 电动机是否有不正常的振动产生的噪声
C. 电动机的温升是否过高　D. 电动机的温升是否过低
E. 电动机的升、降速是否平滑
答案：ABCE
19. 常用的步进电动机有(　　)等种类。
A. 同步式　B. 反应式　C. 直接式
D. 混合式　E. 间接式

答案：AB

20. 步进电动机通电方式运行有(　　)等。

A. 单三相三拍运行方式　B. 三相单三拍运行方式　C. 三相双三拍运行方式

D. 三相六拍运行方式　E. 单相三拍运行方式

答案：BD

21. 零件的周向固定可采用(　　)连接。

A. 普通平键　B. 半圆键　C. 轴肩与轴环

D. 花键　E. 销钉

答案：ABDE

22. 水体污染源可分为两类，而危险较大的人为污染源可分为三种，分别为(　　)。

A. 工业废水　B. 生活污水　C. 河流河床有害物质

D. 农业废水　E. 酸雨

答案：ABD

23. 运行期间应定期巡视检查润滑和冷却用油(　　)及轴承温度是否正常。

A. 黏稠度　B. 油位　C. 油色　D. 油温

答案：BCD

24. 水泵机组振动的原因主要有(　　)。

A. 机械因素引起的振动　B. 联轴器引起的振动　C. 水力因素引起的振动

D. 电磁力因素引起的振动　E. 推力轴承引起的振动

答案：ACD

25. 常用的液位传感器或变送器包括(　　)和超声波式等。

A. 静压式　B. 气压式　C. 浮球式

D. 浮板式　E. 激光式

答案：ACDE

26. 清污机的检查内容及质量要求包括：防腐应按《水工金属结构防腐蚀规范》(SL 105—2007)的要求进行检查；(　　)。

A. 结合《泵站更新改造规范》技术要求进行检查　B. 检查荷载限制机构动作是否灵敏

C. 检查制动机构能否可靠运行　D. 检查齿耙与污物清除机构配合是否良好

E. 检查运行机构是否平稳，有无摩擦碰撞现象

答案：BCDE

27. 对于计算机监控系统来说，系统浪涌电压的主要来源包括(　　)。

A. 直击雷　B. 感应雷　C. 电磁干扰　D. 静电干扰

答案：BCD

28. 高频开关直流电源系统由(　　)等组成。

A. 高频开关电源模块　B. 监控模块　C. 电源变压器

D. 绝缘监测装置　E. 阀控式免维护铅酸蓄电池

答案：ABDE

29. 泵站计算机监控系统采集的微机保护装置信息包括(　　)几种。

A. 保护动作事件　B. 保护定值　C. 故障记录

D. 装置识别信息　E. 控制信息　F. 电压电流等电量数据

答案：ABCDEF

30. 泵站运行工培训的专业基础知识内容包括：机械工程基础知识、工程识图基本知识、(　　)、质量管理知识和法律法规知识。

A. 泵站工程基本知识　B. 安全生产与环境保护知识

C. 电工基础知识　D. 电气设备基本知识　E. 水泵基本知识

答案：ABCDE

31. QC 小组的性质主要表现在(　　)等几个方面。

A. 独立性　　B. 自主性　　C. 科学性

D. 目的性　　E. 先进性

答案：BCD

32. 辅助设备包括(　　)、通风采暖系统和各种起重设施设备。

A. 充水系统　　B. 油路系统　　C. 气路系统

D. 变压器系统　　E. 启闭机系统

答案：ABC

33. 液压泵的作用是把机械能转变为液体的压力能，产生高压油液以驱动负荷。常见的液压泵有(　　)。

A. 齿轮泵　　B. 螺杆泵　　C. 叶片泵

D. 柱塞泵　　E. 混流泵

答案：ABCD

34. 传动比大而且准确的传动是(　　)。

A. 带传动　　B. 链传动　　C. 齿轮传动

D. 蜗杆传动　　E. 摩擦轮传动

答案：CD

35. 我国水环境当前面临的三个严重问题是(　　)。

A. 水体污染　　B. 水资源紧缺　　C. 污物浓度高

D. 废水排放量大　　E. 旱涝灾害

答案：ABE

36. 电动机温度发生变化，可能是由(　　)等原因引起的，必须综合分析对比，才能得出正确的结论。

A. 电流变化　　B. 机械负荷的变化　　C. 电压变化

D. 环境温度的变化　　E. 冷却通风条件的变化

答案：BDE

37. 泵房噪声主要包括(　　)。

A. 气体流动过程中产生的空气动力学噪声　　B. 电机机壳受激振动和声辐射产生的噪声

C. 机座因振动激励产生的噪声　　D. 电动机的噪声

E. 主变压器的噪声

答案：ABCD

38. 接触式温度传感器有(　　)等。

A. 光电高温传感器　　B. 气体温度计　　C. 玻璃水银温度计

D. Pt100 铂电阻　　E. 热敏电阻

答案：BCDE

39. 压力管道的检查内容及质量要求包括(　　)。

A. 防腐按《水工金属结构防腐蚀规范》(SL 105—2007)的要求进行检查

B. 检查变形和破损修理情况　　C. 检查渗漏处理效果

D. 检查管道接头有无胀缩或变形　　E. 进水管检查

答案：ABCD

40. 信号通过光纤传输，常用到的设备有(　　)。

A. 收发器　　B. 模式转换器　　C. 路由器

D. 光端机　　E. 发射器

答案：ABD

41. 如果要组建计算机网络，需要的设备有(　　)。

A. 服务器　　B. 传输设备　　C. 网络操作系统及应用软件

D. 液晶显示器　　E. 电缆

答案：ABC

42. 全面质量管理的特点是(　　)及多方法的质量管理。

A. 全员　　B. 全过程　　C. 全范围

D. 多层次　　E. 多渠道

答案：ABC

43. 水工金属结构必须进行更新改造的情况包括(　　)。

A. 不能保证安全运行，对操作、维修人员的人身安全构成威胁的各种工况

B. 由于设计、制造、安装等原因造成设备本身有严重缺陷

C. 水工金属结构超过规定折旧年限，经检验不能满足安全生产

D. 技术落后、耗能大、效率低、运行操作人员劳动强度大

答案：ABCD

44. 确定电动机是否要进行技术改造，一般遵循的基本原则是(　　)。

A. 在泵站安全鉴定时，被评定为三类或四类设备的电动机必须进行更新或改造

B. 列入淘汰产品目录的老系列电动机必须进行更新

C. 水泵机组性能有较大下降，不能满足原设计工况的电动机必须进行更新或改造

D. 其他必须进行更新改造的电动机　　E. 外形过时的电动机

答案：ABCD

45. 适用于水泵空蚀侵蚀破坏修复和预防护的材料和加工方法包括焊补修复、非金属材料涂敷、合金粉末喷焊、(　　)。

A. 车削叶轮直径　　B. 不锈钢板镶嵌　　C. 改变叶轮安装角

D. 激光熔覆技术　　E. 高分子化合物涂层

答案：BDE

46. 下列属于液压控制元件的是(　　)。

A. 方向控制阀　　B. 液压油泵　　C. 压力控制阀

D. 流量控制阀　　E. 液压缸

答案：ACD

47. 根据《中华人民共和国河道管理条例》规定，在河道管理范围内(　　)。

A. 禁止堆放、倾倒、排放污染水体的物体

B. 禁止在河道内清洗装贮过油类的车辆、容器

C. 禁止围垦河道，确须围垦的，须经市级以上政府部门批准

D. 禁止围湖造田，确须需围湖造田的，须经省级以上政府部门批准

E. 禁止在河道内清洗装贮过有毒污染物的车辆、容器

答案：ABE

48. 电接点双金属温度计应用于生产现场对温度须自动控制和报警的场合。可以直接测量各种生产过程中的 -80℃ ~ +500℃范围内(　　)介质的温度。

A. 液体　　B. 固体　　C. 气体

D. 蒸汽　　E. 环境

答案：ACD

49. UHS-F2 型液位计采用磁性构件，使液位显示清晰、直观，同时可配 LB 系列液位变送器、AK 系列液位报警控制，可方便地实现(　　)。

A. 远距离液位指示　　B. 远距离液位检测　　C. 远距离液位控制

D. 远距离液位报警　　E. 远距离液位修复

答案：ABCD

50. 流量传感器有(　　)。

A. 差压式　　B. 电磁式　　C. 热敏式

D. 超声波式　　E. 机械式

答案：ABD

51. 闸门的检查内容及质量要求包括：防腐须按《水工金属结构防腐蚀规范》(SL 105—2007)的要求进行检

查；(　　)。

A. 检查门叶结构是否损坏、变形，面板的平整情况

B. 检查门体是否保持在正常工作位置，有无变位

C. 检查行走支承机构的滚轮转动是否灵活

D. 检查埋件的锈蚀、变形、磨损等情况，要求门槽平整，闸门在门槽内活动自如

E. 检查止水装置的封堵性能，要求止水橡皮光滑、平直、完整、止水严密

答案：ABCDE

第三节　操作知识

一、单选题

1. 泵站排水系统的排水泵一般都布置在集水廊道的(　　)。

A. 顶板上　　B. 底板上　　C. 人孔盖上　　D. 电缆层

答案：A

2. 异步电动机运行时，滚珠轴承温度不应超过(　　)。

A. 70℃　　B. 80℃　　C. 90℃　　D. 100℃

答案：D

3. 设备完好率是指泵站机电设备的完好台(套)数与(　　)之比。

A. 一类设备台(套)数　　B. 二类设备台(套)数　　C. 三类设备台(套)数　　D. 总台(套)数

答案：D

4. 下列关于恶性电气误操作的描述错误的是(　　)。

A. 带负荷误拉(合)隔离开关　　B. 带电挂(合)接地线(接地刀闸)

C. 带接地线(接地刀闸)合断路器(隔离开关)　　D. 误入不带电间隔

答案：D

5. 下列关于二次线路检修及巡查的内容描述有误的是(　　)。

A. 清扫柜(屏)及端子排内的积尘，保持端子及柜(屏)清洁，检查屏柜上的各种元件的标志是否齐全，不应有脱落现象

B. 各指示灯具、仪表应完好、无破损，保护压板在要求的位置上

C. 断路器的辅助触点断开完好，部件完整，应无烧伤、氧化、卡涩等现象，线圈外观无异常，运行正常

D. 所有接线端子、压板应无松动、锈蚀，配线固定卡子无脱落

答案：C

6. 建立泵站与其他相关工程联合运行的水力特性关系，可充分发挥泵站工程效益，还可(　　)。

A. 提高机组功率　　B. 提高机组效益　　C. 提高水泵效率　　D. 节约能源

答案：D

7. 若水泵发生的气蚀和振动超过规定要求，应按改善(　　)和降低振幅的要求进行调度。

A. 进水池　　B. 水泵装置气蚀性能　　C. 出水设施　　D. 调整转速

答案：B

8. 三类设备是指(　　)，设备的主要部件有损坏，存在影响运行的缺陷或事故隐患，但经对设备进行大修后能保证安全运行的设备。

A. 技术状态差　　B. 技术状态较差　　C. 技术状态基本完好　　D. 技术状态良好

答案：B

9. 水泵机组正朝着(　　)、高速化、高效率、低噪声及自动化等方向迅速发展。

A. 小容量　　B. 规模化　　C. 大容量　　D. 系统化

答案：C

10. 泵站配备的起重设备，应具有由(　　)部门颁发的检验合格证。

A. 企业主管　　B. 水利行政　　C. 质量技术监督　　D. 政府机关

答案：C

11. 中小型泵站的更新改造应以(　　)为原则，采用边改造、边施工、边使用的方式。

A. 不影响正常开支　　B. 不影响正常运行　　C. 不影响职工休息　　D. 不影响生活

答案：B

12. 根据泵站工程及水泵配套的实际情况，测定水泵(　　)。

A. 功率曲线　　B. 扬程曲线　　C. 性能曲线　　D. 装置特性曲线

答案：D

13. 制订泵站运行计划，就是在满足(　　)的前提下，合理确定运行方式、开启台数和顺序，以实现安全运行、经济运行的目标。

A. 供排水流量需求　　B. 群众意见　　C. 供排水计划　　D. 农民需求

答案：A

14. 手拉链式起重机适用于小型设备和重物的短距离吊装，起重量一般不超过(　　)。

A. 2t　　B. 5t　　C. 10t　　D. 20t

答案：C

15. (　　)保护只能作为变压器的后备保护。

A. 瓦斯　　B. 过电流　　C. 差动　　D. 过负载

答案：B

16. PLC 的编程中，适用于开关量控制和逻辑互锁程序，以图形符号及图形符号在图中的相互关系表示控制关系的编程语言是(　　)。

A. 功能块图　　B. 梯形图　　C. 顺序功能图　　D. 指令表

答案：B

17. 现场信号采集装置应优先选择电流型或者(　　)传感器。

A. 有源型　　B. 无源型　　C. 模拟型　　D. 数字型

答案：D

18. 为确保运行和维(检)修安全，泵站主要设备的操作、现场检修、安装和试验应严格执行(　　)。

A. 操作规程　　B. 操作票制度　　C. 安全制度　　D. 用电安全制度

答案：B

19. 凡是用于更新的泵型和设备，应尽量选用(　　)系列中的节能产品。

A. 先进产品　　B. 政府部门指定　　C. 行业新产品　　D. 国家最新标准

答案：D

20. 一类建筑物的要求是指：达到设计标准，结构完整，(　　)，无影响安全运行的缺陷，满足安全运用的要求。

A. 技术状态完好　　B. 技术状态基本完好　　C. 技术状态较差　　D. 技术状态差

答案：A

21. 多次弯曲造成(　　)是钢丝绳损坏的主要原因之一。

A. 拉伸　　B. 扭转　　C. 弯曲疲劳　　D. 变形

答案：C

22. 某台变压器的空载损耗为 616W，短路损耗为 2350W，该变压器效率最大时的负荷率为(　　)。

A. 0.26　　B. 0.51　　C. 0.76　　D. 0.98

答案：B

23. 水利行业精神是：“(　　)、负责、求实”。

A. 创新　　B. 献身　　C. 奉献　　D. 超越

答案：B

24. 常用的液位传感器或变送器包括浮球式、(　　)、浮筒式、激光式、超声波式等。

A. 静压式 B. 气压式 C. 差压式 D. 浮板式

答案：A

25. 计算机监控系统通信接口通常采用(　　)电动机。

A. ADSL B. RS485 C. RJ45 D. ATM

答案：B

26. 主电动机的容量，应按主水泵在运行期间出现的(　　)核配。

A. 最小轴功率 B. 最大轴功率 C. 平均轴功率 D. 额定轴功率

答案：B

27. 离心泵运行前宜(　　)，确保水泵转动灵活、无异常声音。

A. 盘车检查 B. 推车检查 C. 摇动检查 D. 推动检查

答案：A

28. 启动过程引起的振动对于虹吸式流道而言，是机组启动时虹吸形成的过程，也就是残存在流道内的(　　)。

A. 水锤振动 B. 空气的排除过程 C. 气蚀振动 D. 机械振动

答案：B

29. 运行中的电动机在转速突然下降同时迅速发热，首先应(　　)。

A. 切断电源 B. 检查故障 C. 汇报领导 D. 继续使用

答案：A

30. 泵站计算机监控系统的软件集合中，(　　)是其他软件的基础，其他软件在其上起作用。

A. 监控软件 B. 操作系统软件 C. 数据库软件 D. 网络通信软件

答案：B

31. 监控过程中，数据处理采用的是(　　)方式。

A. 问题驱动 B. 故障驱动 C. 设备驱动 D. 事件驱动

答案：D

32. 在信号传输过程中，解调是将(　　)。

A. 对传输信号进行采样 B. 传输的模拟信号变换成数字信号

C. 对传输信号进行量化 D. 传输的数字信号变换为模拟信号

答案：B

33.《泵站安全鉴定规程》规定：二类水泵技术状态基本完好，满足泵站运行要求，水泵只需(　　)，或更换一些小零部件，不存在更换或改造问题。

A. 整体更换 B. 局部修复 C. 全面修复 D. 整体修复

答案：B

34. 投入运行前应检查主水泵填料函处(　　)是否正常。

A. 填料压紧程度 B. 填料选择 C. 填料材质 D. 颜色

答案：A

35. 螺杆启闭机常用的闭门(　　)有牙嵌式安全联轴器和超越摩擦片式安全联轴器。

A. 套筒装置 B. 限速装置 C. 过载保护装置 D. 安全保护装置

答案：C

36. 主水泵的更新改造涉及两个层面，一是选型，二是更新改造(　　)的确定。

A. 范围 B. 评价 C. 方案 D. 成本

答案：C

37. 泵站应配置安装检修用的起重设备，大中型泵站应采用(　　)。

A. 电动起重设备 B. 手动起重设备 C. 机械起重设备 D. 手拉葫芦起重设备

答案：A

38. DZ10 自动空气开关没有(　　)保护作用。

A. 过载 B. 短路 C. 缺相 D. 过载和短路

答案：C

39. 加置填料时，应把新填料按需要的长度切成(　　)左右的斜口。

A. 15°～30°　　B. 30°～45°　　C. 45°～50°　　D. 50°～70°

答案：B

40. 改变泵的(　　)可以改变离心泵的性能。

A. 扬程　　B. 速度　　C. 电机功率　　D. 性能曲线

答案：D

41. 填料密封和机械密封是离心泵常用的(　　)装置。

A. 润滑　　B. 轴封　　C. 冷却　　D. 紧固

答案：B

42. 运行中的水泵机组发生(　　)情况可继续运转。

A. 电动机强烈振动　　B. 填料函发热　　C. 轴承温度急剧升高　　D. 电动机冒烟

答案：B

43. 国外大型水泵一般具有转速高、体积小、重量轻等优点，其流量是我国同口径水泵流量的(　　)。

A. 1～1.5 倍　　B. 1.5～2 倍　　C. 2 倍以上　　D. 2～5 倍

答案：B

44. 某台三相变压器空载时额定电压为6300V，满载时电压为6000V，其电压调整率为(　　)。

A. 0.045　　B. 0.048　　C. 0.051　　D. 0.054

答案：B

45. 机泵应合理配套，避免(　　)。电动机的效率与负载有关，接近满载时效率最高。

A. 小马拉小车　　B. 大马拉小车　　C. 小马拉大车　　D. 小车拉大马

答案：B

46. 某40W日光灯的功率因数为0.44，若要使之提高到0.95，则应并联一个(　　)左右的电容器。

A. 4.7F　　B. 0.47F　　C. 4.7μF　　D. 4.7pF

答案：C

47. 新建泵站工程完好率和设备完好率应达到(　　)。

A. 95%以上　　B. 85%以上　　C. 90%以上　　D. 100%

答案：D

二、多选题

1. 直流系统接地故障查找的方法有(　　)。

A. 替换法　　B. 参照法　　C. 直观法

D. 断接法　　E. 逐项拆除法

答案：ABCDE

2. 加压试验的安全措施规定，加压前应做到(　　)。

A. 必须认真检查系统接线　　B. 核对所用仪表仪器正确无误

C. 试验人员在规定岗位，非试验人员应在安全区域外

D. 加压过程中，应有监护　　E. 试验人员精力应集中，随时警惕异常情况的发生

答案：ACDE

3. 在闭门过程中，如果闸门发生卡阻，或在闸门到达底坎时，行程限位开关失灵，可能会造成的后果是(　　)。

A. 启闭机的下压力会大大超过预定的闭门负荷　　B. 螺杆失稳而弯曲变形

C. 螺杆拉断　　D. 门槽受损　　E. 机架上抬损坏机座

答案：ABCE

4. 因特网接入技术包括(　　)。

A. 局域网　　B. 电话拨号接入　　C. ADSL 拨号接入

D. 3G 上网卡　　　　E. 无线局域网

答案：ABCDE

5. 水质指标可以表示水及水体中所含的各种杂质的种类与数量，一般可分为三大类，分别为(　　)。

A. 物理性指标　　　　B. 化学性指标　　　　C. 生物学指标

D. 温度　　　　E. 碱度

答案：ABC

6. 比转数大的水泵，一定是(　　)的水泵。

A. 大流量　　　　B. 小流量　　　　C. 大扬程　　　　D. 小扬程

答案：AD

第五章

高级技师

第一节　安全知识

一、单选题

1. 依据《中华人民共和国职业病防治法》，建设项目在(　　)前，建设单位应当进行职业病危害控制效果评价。

A. 可行性论证　　B. 设计规划　　C. 建设施工　　D. 竣工验收

答案：D

2. 依据《中华人民共和国职业病防治法》，下列关于职业病病人依法享受的职业病待遇的说法中，错误的是(　　)。

A. 用人单位应当按照国家有关规定，安排职业病病人进行治疗、康复和定期检查

B. 用人单位对不适合继续从事原工作的职业病病人，应当将其调离岗位并妥善安置

C. 用人单位对从事接触职业病危害作业的劳动者，应当给予岗位津贴

D. 职业病病人变动单位，其依法享有的职业病待遇应进行相应调整

答案：D

3. 依据《特种设备安全监察条例》的有关规定，特种设备使用单位设立的特种设备检验检测机构应当经国务院特种设备安全监督管理部门(　　)，负责本单位一定范围内的特种设备定期检验等。

A. 登记　　B. 认可　　C. 认证　　D. 核准

答案：D

4. 依据《中华人民共和国职业病防治法》的规定，新建、扩建、改建建设项目和技术改造、技术引进项目可能产生职业病危害的，建设单位在(　　)阶段应当向卫生行政部门提交职业病危害预评价报告。

A. 可行性论证　　B. 初步设计　　C. 施工建设　　D. 竣工验收

答案：A

5. 在某4m深的单井口燃气小室内进行焊接作业，该作业过程中可能存在和(或)产生的危险有害因素有(　　)。

A. 硫化氢中毒、缺氧、淹溺　　B. 燃爆、缺氧、一氧化碳中毒

C. 燃爆、淹溺、硫化氢中毒、一氧化碳中毒　　D. 燃爆、淹溺、缺氧

答案：B

6. 一氧化碳的爆炸极限范围是(　　)。

A. 20% ~30 %　　B. 4% ~46%　　C. 12.5% ~74.2%　　D. 12.5% ~46%

答案：C

7. 下列不属于安全交底内容的是(　　)。

A. 作业内容　　B. 作业人员分工

C. 作业中可能存在的危险因素　　D. 作业结束时间

答案：D

8. 有限空间作业过程中发生事故，作业单位自行组织救援时，应遵守的原则是(　　)。

A. 时间第一，快速原则

B. 生命第一，对被救人员必须采用最高防护措施

C. 尽可能实施进入式救援

D. 根据有限空间的类型和可能遇到的危害，决定采用的应急救援方案

答案：D

9. 下列不符合配电室布置安全要求的是(　　)。

A. 配电室围栏上端与其正上方带电部分的净距不小于0.075m，配电装置的上端距顶棚不小于0.1m

B. 配电室内的裸母线与地向垂直距离小于2.5m时，采用遮栏隔离，遮栏下通道的高度不小于1.9m

C. 配电室内设置值班或检修室时，该室边缘处配电柜的水平距离大于1m，并采取屏障隔离

D. 配电柜后面的维护通道宽度，单列布置或双列面对面布置不小于0.8m，双列背对背布置不小于1.5m，个别地点有建筑物结构凸出的地方，则此点通道宽度可减少0.2m

答案：A

10. 生产性噪声可分为空气动力噪声、(　　)和电磁性噪声三大类。

A. 管道噪声　　B. 变压器噪声　　C. 交通噪声　　D. 机械性噪声

答案：D

11. 辐射分为电离辐射和非电离辐射。下列辐射中，属于电离辐射的是(　　)。

A. 紫外线　　B. 激光　　C. α射线　　D. 射频辐射

答案：C

12. 硫化氢的预警值为(　　)，报警值为(　　)。

A. $1mg/m^3$，$5mg/m^3$　　B. $2mg/m^3$，$8mg/m^3$　　C. $3mg/m^3$，$10mg/m^3$　　D. $4mg/m^3$，$12mg/m^3$

答案：C

13. 进行油箱、油罐的检修，或有限空间的动火作业时，空气中可燃气体的浓度应低于爆炸下限的(　　)。

A. 0.5%　　B. 1%　　C. 5%　　D. 10%

答案：B

14. 生产经营单位应当在有较大危险因素的生产经营场所和有关设施、设备上，设置明显的(　　)。

A. 安全警示标志　　B. 安全宣传挂图　　C. 安全宣传标语　　D. 安全横幅

答案：A

15. 企业综合应急预案至少(　　)进行1次演练，并不断进行修改完善。

A. 半年　　B. 1年　　C. 2年　　D. 3年

答案：B

16. 在遇到高压电线断落到地面上时，导线断落点(　　)内，禁止人员进入。

A. 5m　　B. 10m　　C. 20m　　D. 25m

答案：C

17. 疏散照明由安全出口标志灯组成。安全出口标志灯距地高度不低于(　　)，且应安装在疏散出口和楼梯口里侧的上方。

A. 0.7m　　B. 1m　　C. 2m　　D. 2.5m

答案：C

18. 消火栓周围(　　)内严禁堆物和设置栅栏。

A. 10m　　B. 20m　　C. 30m　　D. 40m

答案：B

19. 使用氧气乙炔瓶时，气瓶与动火点的距离不得小于(　　)。

A. 5m　　B. 10m　　C. 15m　　D. 20m

答案：B

20. 油漆、喷漆等工作场所应严禁烟火，周围(　　)内严禁动火作业。

A. 3m　　B. 5m　　C. 8m　　D. 10m

答案：B

21. 动火工作票签发人(　　)兼任该项工作的负责人。

A. 可以临时　　B. 在紧急情况下可以　　C. 可以　　D. 不得

答案：D

22. 根据危险有害程度的高低，将有限空间作业环境分为3级，其中环境为1级时，禁止实施作业。下列条件不符合1级环境的是(　　)。

A. 氧气含量小于19.5%或大于23.5%

B. 可燃性气体、蒸气浓度大于爆炸下限(LEL)的10%

C. 有毒有害气体、蒸气浓度大于GBZ 2.1—2019规定的限值

D. 作业过程中有毒有害或可燃性气体、蒸气浓度可能突然升高

答案：D

23. 作业者进入2级环境，应佩戴(　　)，并应符合GB 6220—2009、GB/T 16556—2007等标准的规定。

A. 隔绝式逃生呼吸器　　B. 负压隔绝式逃生呼吸器

C. 正压隔绝式呼吸防护用品　　D. 过滤式呼吸防护用品

答案：C

24. 生产现场使用超过(　　)的液体和气体的设备和管路，必须安装压力表，必要时还应安装安全阀和逆止阀等安全装置。

A. 0.1MPa　　B. 0.3MPa　　C. 0.5MPa　　D. 1MPa

答案：A

25. 下列不属于特种作业范围的是(　　)。

A. 电工(运行、维修)作业

B. 金属焊接(切割)作业

C. 起重作业(包括桥、塔、门式起重机驾驶工、起重工等)

D. 化验作业

答案：D

26. 离开特种作业岗位达(　　)以上的特种作业人员应当重新进行实际操作考核，经确认合格后方可上岗作业。

A. 6个月　　B. 9个月　　C. 12个月　　D. 24个月

答案：A

27. 停电检修作业必须严格执行(　　)制度。

A. 监控　　B. 监护　　C. 备案　　D. 监督

答案：B

二、多选题

1. 安全生产工作应当以人为本，坚持安全发展，坚持(　　)的方针，强化和落实生产经营单位的主体责任，建立生产经营单位负责、职工参与、政府监管、行业自律和社会监督的机制。

A. 安全第一　　B. 预防为主　　C. 防治结合　　D. 综合治理

答案：AB

2. 现阶段，加强政府应急管理能力建设，必须坚持的原则包括(　　)

A. 依法规范　　B. 科学应对

C. 党和政府统一领导　　D. 预防为主、预防与应急相结合

答案：ABCD

3. 有限空间作业负责人应在作业前对实施作业的全体人员进行安全交底，至少告知(　　)。

A. 作业内容　　B. 作业过程中可能遇到的主要危险有害因素

C. 作业方案及作业安全要求
D. 作业过程中可能发生的紧急情况和应急处置方案

答案：ABCD

4. 着火点较大时，下列有利于灭火的措施是(　　)。

A. 抑制反应量
B. 用衣服、扫帚等扑打着火点
C. 降低可燃物浓度
D. 降低氧气浓度

答案：ACD

三、简答题

1. 简述班组的安全组织标准。

答：(1)班组长是班组安全工作的第一责任人，对班组安全工作负全责。

(2)班组必须设1名兼职安全员，主要工作是协助班组长全面开展班组的安全管理工作。安全员不在时，班组长必须明确代管人员。班组长不在时，安全员有权安排班组有关人员处理与安全有关的工作。

(3)班组分散作业时，每摊工作的负责人即为安全负责人。

(4)班组必须实行安全轮流值日制度，除学徒工外，每天轮换1人进行安全值日，安全值日员的主要任务是协助班组长、安全员开展好每日的安全工作。

2. 简述“班前五分钟讲话”的内容。

答：(1)结合当日的具体生产(检修)任务及工作环境，详细布置安全工作，内容包括：①生产任务的特点及天气变化情况；②针对生产中可能发生的危险，提醒班组成员应注意的安全事项；③上一班曾发生的违章行为与处理方法；④要求全组人员正确穿戴和使用劳动保护用品和用具。

(2)传达上级有关安全生产的指示和事故案例。

(3)明确安全值日人。

(4)认真做好“班前五分钟讲话”记录。

3. 简述班组生产调度“五不准”的内容。

答：(1)危险作业未经审批，不准作业。

(2)设备安全防护装置不全、不灵，不准使用。

(3)新工人未经三级安全教育，不准上岗。

(4)特种作业人员未经安全培训、取证，不准独立操作。

(5)劳动组织、人员调配、作业方式不符合安全要求，不准违章指挥。

4. 简述新职工班组教育的基本内容。

答：(1)班组工作性质及职责范围；(2)岗位安全操作规程；(3)生产设备、安全装置、劳动防护用品的正确使用方法；(4)事故案例。

第二节　理论知识

一、单选题

1. 电流互感器的故障多由(　　)造成

A. 次级绕组开路
B. 次级绕组短路
C. 次级绕组接地
D. 初级绕组短路

答案：A

2. 倒闸操作的送电顺序是(　　)。

A. 先电源侧，后负荷侧；先开关，后刀闸
B. 先电源侧，后负荷侧；先刀闸，后开关
C. 先负荷侧，后电源侧；先开关，后刀闸
D. 先负荷侧，后电源侧；先刀闸，后开关

答案：B

3. 变压器的负荷经常为(　　)，不仅效率高，输出电压也可得到保证。

A. 50%
B. 60% ~80%
C. 100%
D. 110%

答案：B

4. 如果单相变压器的初级线圈的电压为 $U_1=2200V$，已知此变压器的变比为 $n=10$，那么，次级线圈的电压 U_2 为(　　)。

A. 22V　　B. 220V　　C. 2200V　　D. 22000V

答案：B

5. 电力系统额定频率为50Hz，电网容量为3000MW以下，频率允许偏差为(　　)。

A. ±0.2Hz　　B. ±0.3Hz　　C. ±0.4Hz　　D. ±0.5Hz

答案：D

6. 两根同种材料的电阻丝，长度之比为1∶5，横截面积之比为2∶3，则它们的电阻之比为(　　)。

A. 1∶5　　B. 2∶3　　C. 3∶10　　D. 10∶3

答案：C

7. 一台三相变压器的连接组别为Y、Y_0，其中“Y”表示变压器的(　　)。

A. 高压绕组为Y形接法　　B. 高压绕组为△形接法　　C. 低压绕组为Y形接法　　D. 低压绕组为△形接法

答案：A

8. 电力电缆不得过负荷运行，在事故情况下，10 kV以下电缆只允许连续(　　)运行。

A. 1h过负荷35 %　　B. 1.5h过负荷20 %　　C. 2h过负荷15 %　　D. 2.5h过负荷20 %

答案：C

9. 在建工程(含脚手架)的周边与10kV外电架空线路的边线之间的最小安全操作距离是(　　)。

A. 4m　　B. 6m　　C. 8m　　D. 10m

答案：B

10. 一台变压器容量为1000kV·A，额定电压为10/0.4kV，其二次额定电流计算值为(　　)。

A. 57.3A　　B. 115.4A　　C. 721A　　D. 1443A

答案：D

11. 氧化锌避雷器应定期进行外观检查，用2500V兆欧表测量其绝缘电阻值不应低于(　　)。

A. 500MΩ　　B. 1000MΩ　　C. 2000MΩ　　D. 2500MΩ

答案：B

12. 影响拦污栅水头损失的因素很多，除拦污栅的形式、倾角、栅条形状、厚度及间距等因素外，还与通过拦污栅的(　　)。

A. 流速成正比　　B. 流速平方成正比　　C. 流速成反比　　D. 流速平方成反比

答案：B

13. 对于人工清污的拦污栅，倾角为45°~70°，高度在(　　)以上时，要设置中间作业层；机械清污时，倾角可达70°~80°。

A. 2m　　B. 4m　　C. 5m　　D. 8m

答案：C

14. IP摄像机都有一个固定的(　　)IP地址。

A. 16位　　B. 23位　　C. 64位　　D. 128位

答案：B

15. (　　)不能带负荷拉闸。

A. 接触器　　B. 空气开关　　C. 隔离开关　　D. 断路器

答案：C

16. 在Y形接线的三相交流电路中，其相电压是220V，其线电压应该是(　　)。

A. 100V　　B. 220V　　C. 380V　　D. 440V

答案：C

17. 如果水泵内叶轮中心部位绝对真空，水面的大气压力为一个标准大气压，那么这时离心泵的吸程最大为(　　)。

A. 7m　　B. 8m　　C. 10m　　D. 10.33m

答案：D

18. 运行中电动机的电流不得大于(　　)的额定电流。

A. −5%　　B. 5%　　C. ±5%　　D. ±10%

答案：C

19. 某泵站排水35万m^3，日用电量为48440kW·h，平均扬程为0.4MPa，则泵站的综合单位电耗为(　　)。

A. 138.4kW·h/km^3　　B. 138.4kW·h/(km^3·MPa)

C. 346kW·h/km^3　　D. 346kW·h/(km^3·MPa)

答案：D

20. 从阀门型号Z945T-10Q可知该阀门类型为(　　)。

A. 闸阀　　B. 止回阀　　C. 柱塞阀　　D. 截止阀

答案：A

21. 离合器的作用是(　　)。

A. 实现轴与轴之间的连接、分离，从而实现动力的传递和中断

B. 利用摩擦力矩来实现对运动零件的制动

C. 用于轴与轴之间的连接，使它们一起回转并传递扭矩

D. 用于轴与轴之间的连接，使它们一起回转并传递能量

答案：A

22. 表达水工建筑物形状、大小、构造、材料等内容的图样是(　　)。

A. 枢纽布置图　　B. 施工导流图　　C. 施工组织设计图　　D. 建筑物结构图

答案：D

23. 下列关于建筑物视图方法的描述错误的是(　　)。

A. 根据建筑物组成部分的特点和作用，将建筑物分成几个主要组成部分，可以沿水流方向将建筑物分为几段，也可沿高程方向将建筑物分为几层，还可以按地理位置或结构来划分

B. 对较难想象的局部或者视图，细节可以放弃

C. 在分析过程中，结合有关尺寸和符号，看懂图样上每一个图线框及图线所表达的空间物体的含义、每个符号的意义和作用，弄清建筑物各部分大小、材料、细部构造、位置和作用

D. 在形状分析的基础上，对照各组成部分的相互位置关系，综合想象出建筑物的整体形状

答案：B

24. 下列关于闪点的描述错误的是(　　)。

A. 闪点的高低表明油品含轻质馏分，应确定其适宜的使用温度

B. 闪点的高低不能表示油受热蒸发性的大小

C. 闪点是安全使用贮运的重要指标

D. 根据使用中的油品闪点下降程度可以判断混入轻质油的含量

答案：B

25. 正弦交流电的表示方法有：三角函数表示法、正弦波形表示法和(　　)。

A. 加减运算法　　B. 相量法　　C. 图表法　　D. 测量法

答案：B

26. 有一台三相异步电动机，铭牌上标有额定电压为380V/220V，接法为Y/△，这表示该电动机在380V线电压的三相电源上应做(　　)。

A. 三角形连接　　B. 星形连接　　C. 三相四线制星形连接　　D. 星形或三角形连接均可

答案：B

27. 电度表铝盘转动依据的原理是(　　)。

A. 电流热效应　　B. 欧姆定律　　C. 焦耳定律　　D. 电磁感应

答案：D

28. 避雷针的接地装置的接地电阻一般不能超过(　　)。

A. 4Ω　　B. 5Ω　　C. 10Ω　　D. 15Ω

答案：C

29. 电流互感器一、二次绕组电流与匝数(　　)。

A. 成正比　　B. 成反比　　C. 相等　　D. 不成比例

答案：B

30. 变压器是一种利用电磁感应原理进行(　　)变换的静止电器。

A. 电感和电容　　B. 电阻和电抗　　C. 电压和电流　　D. 频率或转速

答案：C

31. 异步电动机的铁芯由(　　)厚的硅钢片叠成，以减小涡流和磁滞损耗。

A. 0.1mm　　B. 0.2mm　　C. 0.5mm　　D. 1mm

答案：C

32. 用电压表测量电压时，应将电压表(　　)接在被测电压的两端。

A. 串联　　B. 并联　　C. 混联　　D. 不确定

答案：B

33. 水泵效率是主要的(　　)指标，用 η 表示。

A. 技术　　B. 工作　　C. 经济　　D. 性能

答案：C

34. 在绘制水泵性能曲线时，一般都用(　　)作为横坐标，其他参数作为纵坐标。

A. 扬程 H　　B. 流量 Q　　C. 功率 P　　D. 轴功率 N

答案：B

35. 实际应用中，使用的水泵性能曲线，一般是根据(　　)所得数据绘制成的。

A. 水泵厂产品试验　　B. 国家权威部门试验　　C. 使用方的产品试验　　D. 通过经验积累

答案：A

36. 当电路发生过载时，低压空气开关自动跳闸是通过(　　)完成的。

A. 过流脱扣器　　B. 热脱扣器　　C. 分励脱扣器　　D. 失压脱扣器

答案：B

37. 泵站的设备润滑通常用(　　)，即使用油杯、油壶、油枪等工具加油。

A. 人工加油法　　B. 机械加油法　　C. 定时加油法　　D. 定点加油法

答案：A

38. 根据《安全色》规定，安全色分为红、黄、蓝、绿四种颜色，分别表示(　　)。

A. 禁止、指令、警告和提示　　B. 指令、禁止、警告和提示

C. 禁止、警告、指令和提示　　D. 提示、禁止、警告和指令

答案：C

39. 下列关于职业技能的说法，正确的是(　　)。

A. 掌握一定的职业技能，也就是有了较高的知识文化水平

B. 掌握一定的职业技能，就一定能履行好职业责任

C. 掌握一定的职业技能，有助于从业人员提高就业竞争力

D. 掌握一定的职业技能，就意味着有较高的职业道德素质

答案：C

40. 某泵站一个月共运转 240h，其电动机的配用功率为 155kW，那么统计用电量为(　　)。

A. 15500kW · h　　B. 18600kW · h　　C. 37200kW · h　　D. 74400kW · h

答案：C

41. 基尔霍夫第二定律也称作(　　)。

A. 节点电压定律　　B. 节点电流定律　　C. 回路电压定律　　D. 回路电流定律

答案：C

42. 水泵(　　)与水泵扬程曲线的交点，就是水泵的工作点，确定工作点有利于水泵在装置最高效率工况运行。

A. 功率曲线　　B. 性能曲线　　C. 装置特性曲线　　D. 速度曲线

答案：C

43. 通过泵站性能参数和水文气象分析，可建立泵站与其他相关(　　)联合运行的水力特性关系。

A. 机械工程　　B. 金属结构件　　C. 水利工程　　D. 建筑工程

答案：C

44. 扬程变化幅度大的泵站，宜充分利用(　　)条件按水泵最低提水成本进行调度。

A. 低扬程工况　　B. 额定扬程　　C. 高扬程工况　　D. 设计扬程

答案：A

45. 泵站配电柜上，(　　)通常和换相开关配合使用。

A. 电流互感器　　B. 电压互感器　　C. 三相电流表　　D. 三相电压表

答案：D

46. 泵站扬程 5 ~ 7m 的轴流泵站效率应达到(　　)以上。

A. 55%　　B. 60%　　C. 64%　　D. 68%

答案：C

47. 通过泵站性能参数和(　　)，建立泵站与其他相关水利工程联合运行的水力特性关系。

A. 工作人员经验　　B. 水泵机械性能分析　　C. 水文气象分析　　D. 动力分析

答案：C

48. 同材料同长度导线的电阻与截面面积的关系是(　　)。

A. 截面面积越大，电阻越大　　B. 截面面积与电阻成正比

C. 截面面积越大，电阻越小　　D. 无关

答案：C

49. 安全用电的原则是(　　)。

A. 不接触低压带电体，不靠近高压带电体　　B. 不接触低压带电体，可靠近高压带电体

C. 可接触低压带电体，不靠近高压带电体　　D. 可接触低压带电体，可靠近高压带电体

答案：A

50. 下列关于试验工作中的安全措施描述错误的是(　　)。

A. 现场必须执行工作票制度

B. 现场必须装设围栏，悬挂安全警示标牌，并派专人看守，被试验设备两端不在同一地点时，另一端应派专人看守

C. 高压试验工作不得少于 2 人，负责人应由值班员担任

D. 拆开电气设备接头，应做好标记，恢复连接后应进行检查

答案：C

51. 泵站计算机网络以以太网为主，通信协议采用(　　)协议。

A. NETBEUI　　B. IPX/SPX　　C. TCP/IP　　D. OSI/R

答案：C

52. 工程完好率是反映泵站(　　)技术状态好坏的重要指标。

A. 建筑物　　B. 电气设备　　C. 抽水机组　　D. 辅助设备

答案：A

53. 三类建筑物是指：达不到设计标准，(　　)，建筑物虽存在较大损坏，但经大修或加固维修后能保证安全运用的建筑物。

A. 技术状态完好　　B. 技术状态基本完好　　C. 技术状态较差　　D. 技术状态差

答案：C

54. 装置效率，即抽水装置输出功率与输入功率的比值，是反映泵站运行的(　　)指标。

A. 技术　　B. 经济　　C. 效益　　D. 技术经济性

答案：D

55. 泵站安全鉴定工作技术性很强，涉及水工、水机、电气、(　　)等多种专业。

A. 金属结构　B. 文秘　C. 档案管理　D. 财会

答案：A

56. 泵站机电设备通常包括(　　)、辅助设备、电气设备及控制保护设施等。

A. 主机组　B. 水泵　C. 电动机　D. 柴油机

答案：A

57. 加装前置导轮可有效地改善泵的(　　)而不降低泵原有的性能指标。

A. 出水量　B. 空蚀性能　C. 工作效率　D. 装置效率

答案：B

58. 泵站技术改造后的机泵设备完好率应达到(　　)。

A. 80%以上　B. 85%以上　C. 90%以上　D. 95%以上

答案：D

59. 泵站技术改造不是简单的设备更新，要根据设备使用年限、(　　)、经济效益、资金能力等因素综合考虑。

A. 形势需要　B. 技术状态　C. 规划　D. 上级要求

答案：B

60. 为了防止在突然失电的情况下，监控软件和某些文件破坏，一般要对计算机(　　)。

A. 从供电部门引出专用电线　B. 配备稳压器

C. 配备 UPS　D. 配备发电机组

答案：C

61. 千斤顶工作时，应放在平整坚实的地面并要在其下面垫枕木、木板或钢板，其目的是(　　)。

A. 加大千斤顶的举升力　B. 扩大受压面积，防止塌陷

C. 缩小受压面积　D. 加大千斤顶的顶升高度

答案：B

62. 日常检查和保养工作，是(　　)，保证机组长时间安全运行的重要措施。

A. 恢复故障　B. 预防故障发生　C. 处理事故　D. 实施修复

答案：B

63. 在职业活动中，主张个人利益高于他人利益、集体利益和国家利益的思想属于(　　)。

A. 极端个人主义　B. 自由主义　C. 享乐主义　D. 拜金主义

答案：A

64. 绘制工程制图样时，通常采用(　　)方式来表达杆、梁、板、柱等断面形状。

A. 剖面图　B. 剖视图　C. 局部剖面图　D. 断面图

答案：D

65. (　　)可以改变三相交流电动机的转向。

A. 改变绕组的接法　B. 改变电压的等级　C. 改变电源的相序　D. 对调电容的两端

答案：C

66. 装接地线的顺序应该是(　　)。

A. 先装接地端，后装导体端　B. 先装导体端，后装接地端

C. 先装远处，后装近处　D. 无规定，任意连接

答案：A

67. 三相异步电动机的转差率 $S<0$ 时，处于(　　)状态。

A. 稳定运行　B. 反馈制动　C. 同步转速　D. 反接制动

答案：B

68. 液压马达可实现连续(　　)。

A. 旋转运动　B. 往复直线运动　C. 往复摆动运动　D. 上下运动

答案：A

69. 凡在技术改造中要更新或淘汰的设备，都必须进行(　　)和充分论证。

A. 技术状态分析　　B. 性能测试　　C. 专家分析　　D. 上级汇报

答案：B

70. 优化调度是泵站实现(　　)的重要保证。

A. 应急运行　　B. 正常运行　　C. 经济运行　　D. 安全运行

答案：C

71. 模拟信号如语音信号要在数字线路上传输，必须将语音信号转换成数字信号，其转换过程经历 3 个过程：(　　)、量化和编码。

A. 压缩　　B. A/D　　C. 采样　　D. 调制

答案：C

72. 热继电器的主要用途是对电动机起(　　)作用。

A. 过载保护　　B. 断电保护　　C. 欠压保护　　D. 失压保护

答案：A

73. 为了保证零件具有互换性，必须对零件的尺寸规定一个允许的变动量，即(　　)。

A. 尺寸公差　　B. 标准公差　　C. 基本偏差　　D. 极限偏差

答案：A

74. 变压器是一种(　　)的电气设备。

A. 静止　　B. 输电　　C. 传电　　D. 运行

答案：A

75. 在闭合电路中，当电源内阻增大时，电源两端的电压将(　　)。

A. 升高　　B. 降低　　C. 不变　　D. 不确定

答案：B

76. 液压启闭机荷载限制器是(　　)。

A. 节流阀　　B. 溢流阀　　C. 控制阀　　D. 调节阀

答案：B

77. 水泵装置特性曲线与水泵(　　)的交点，就是水泵的工作点。

A. 功率曲线　　B. 扬程曲线　　C. 性能曲线　　D. 速度曲线

答案：B

78. 整流电路加滤波器的作用是(　　)。

A. 限制输出电流　　B. 降低输出电压

C. 提高输出电压　　D. 降低输出电压的脉动程度

答案：D

79. 灌溉、供水泵站长期保证在装置效率最高、能耗最低的情况下运行，虽然耗能减少，但有可能会导致(　　)，增加维修费用，使泵站运行费用增加。

A. 电动机损坏　　B. 频繁更换易损部件　　C. 泵壳损坏　　D. 变压器损坏

答案：B

80. 由于轴测投影属于平行投影，因此其仍具有平行投影的基本性质，下列不属于这种性质的是(　　)。

A. 物体上互相平行的线段，其在轴测投影图中仍然互相平行

B. 物体上凡是与空间坐标轴平行的直线段，在轴测图中也必定平行于相应的轴测轴，且具有相同的轴向伸缩系数

C. 当轴测投影图上的线段平行于轴测轴时，可以测量线段的实长

D. 轴测投影图能真实反映空间物体上平面之间的夹角

答案：D

81. (　　)是防止起吊钢丝绳由于角度过大或挂钩不妥，造成起吊钢丝绳脱钩的安全装置。

A. 力矩限制器　　B. 超高限制器　　C. 吊钩保险　　D. 钢丝绳防脱槽装置

答案：C

82. 应合理利用泵站设备和其他工程设施，(　　)进行调度。

A. 按运行人员　B. 按领导意见　C. 按供排水计划　D. 按需求

答案：C

83. 扬程变化幅度大的泵站，宜充分利用低扬程工况条件按水泵(　　)进行调度。

A. 最低提水成本　B. 额定扬程　C. 高扬程工况　D. 设计扬程

答案：A

84. 三相异步电动机的转差率 $S>1$ 时，处于(　　)状态。

A. 稳定运行　B. 不稳定运行　C. 反馈制动　D. 反接制动

答案：D

85. 单相半波整流输出的直流电压为变压器次级电压的(　　)。

A. 0.45 倍　B. 0.9 倍　C. 1.732 倍　D. 2.34 倍

答案：A

86. 平均负荷与最大负荷(　　)，称为负荷系数。

A. 之和　B. 之差　C. 之积　D. 之比

答案：D

87. 颜色标志又称为安全色，我国采用(　　)作为强制执行的颜色。

A. 红色　B. 黄色　C. 蓝色　D. 绿色

答案：C

88. 变压器随负载变化时，它的(　　)。

A. 空载损耗不变，短路损耗变化　B. 空载损耗变化，短路损耗不变

C. 空载损耗、短路损耗都不变　D. 空载损耗、短路损耗都变化

答案：A

89. 开关电器在规定条件和给定电压下，接通和分断的预期电流值称为(　　)。

A. 通断能力　B. 分断能力　C. 接通能力　D. 通断电流

答案：A

90. PLC 性能主要取决于 CPU 的速度和(　　)。

A. 内存容量　B. I/O 数量　C. 软件容量　D. 体积大小

答案：A

91. 目前，计算机监控系统软件多采用(　　)结构。

A. B2B　B. B/S　C. C/S　D. B2C

答案：C

92. 工程完好率，即完好的(　　)与工程总数的比值。

A. 建筑物数量　B. 工程数　C. 机组数　D. 设备数

答案：B

93. 设备完好率，即泵站机组的完好(　　)与总台(套)数的比值。

A. 台(套)数　B. 工程数　C. 水泵数　D. 设备数

答案：A

94. 目前，水泵机组正朝着大容量、高速化、(　　)、低噪声及自动化等方向迅速发展。

A. 无声化　B. 规模化　C. 高效率　D. 系统化

答案：C

95. 国外大型水泵一般具有(　　)、体积小、重量轻等优点，其流量是我国同口径水泵流量的 1.5～2 倍。

A. 转速低　B. 转速高　C. 外形美观　D. 效率低

答案：C

96. 水泵机组直接传动是指用(　　)把水泵和动力机的轴直接连接起来，借以传递能量的方式。

A. 制动器　B. 皮带传动　C. 联轴器　D. 离合器

答案：C

97. 液压缸可实现(　　)。

A. 旋转运动　　B. 往复直线运动　　C. 往复摆动运动　　D. 左右运动

答案：C

98. 中小型泵站技术改造要做好可行性研究和充分的(　　)。

A. 财政投入分析　　B. 技术力量分析　　C. 可靠性分析　　D. 技术经济论证

答案：D

99. 机泵应合理配套，避免大马拉小车。电动机的效率与负载有关，(　　)时效率最高。

A. 接近满载　　B. 超过满载　　C. 轻载上阵　　D. 达到平均载荷

答案：A

100. 凡是用于更新的泵型和设备，应尽量选用国家最新标准系列中的(　　)。

A. 先进产品　　B. 合格产品　　C. 新产品　　D. 节能产品

答案：D

101. 污水泵站集水池的容积应大于(　　)一台水泵(　　)流量的容积。

A. 最小，30s　　B. 最大，5min　　C. 最小，5min　　D. 最大，30s

答案：B

二、多选题

1. 步进电动机驱动电路一般由(　　)等组成。

A. 脉冲发生控制单元　　B. 脉冲移相单元　　C. 功率驱动单元

D. 保护单元　　E. 触发单元

答案：ACD

2. 步进电动机功率驱动电路有(　　)等类型。

A. 单电压功率驱动　　B. 双电压功率驱动　　C. 斩波恒流功率驱动

D. 高低压功率驱动　　E. 三电压功率驱动

答案：ABD

3. 晶闸管—电动机系统与发电机—电动机系统相比较，其优点为(　　)。

A. 响应快　　B. 能耗低　　C. 过载能力强　　D. 噪声小

答案：ABD

4. 交—直—交变频器按中间回路对无功能量处理方式的不同，可分为(　　)。

A. 电压型　　B. 电流型　　C. 电抗型　　D. 电阻型

答案：AB

5. 在直流电机中，换向极线圈(　　)。

A. 与主极线圈串联　　B. 与电枢绕组串联　　C. 与主极线圈并联

D. 主要用于改变电机旋转方向　　E. 主要用于消除电刷下的有害火花

答案：BE

6. 采用自动空气断路器和按钮—接触器组成的异步电动机控制电路，所具有的保护功能有(　　)。

A. 短路保护　　B. 过负荷保护　　C. 过电压保护

D. 失压保护　　E. 缺相保护

答案：ABDE

7. 三相异步电动机的定子绕组，(　　)。

A. 电源的一个交变周期等于180°

B. 电源的一个交变周期等于360°

C. 电角度与机械角度的关系是：电角度等于机械角度

D. 电角度与机械角度的关系是：电角度 = 磁极对数 × 机械角度

E. 电角度与机械角度的关系是：机械角度 = 磁极对数 × 电角度

答案：BD

8. 进行电机耐压试验时，(　　)。

A. 试验电压为直流电　B. 试验电压为高压脉冲电压　C. 试验电压为正弦交流电压
D. 持续时间为 1min　E. 持续时间为 5min
答案：CD
9. IGBT 是(　　)的复合管。
A. GTR　B. SCR　C. MOSFET　D. RTD
答案：AC
10. 数字仪表中的 A/D 转换，与 A、D 相对应的是(　　)。
A. 直流电　B. 交流电　C. 数字量
D. 模拟量　E. 平均量
答案：CD
11. 直流双臂电桥(　　)。
A. 主要用于测量直流电阻　B. 适合测量大于 10Ω 的电阻
C. 适合测量小于 10Ω 的电阻　D. 引线电阻和接触电阻影响大
E. 引线电阻和接触电阻影响小
答案：ACE
12. 光电耦合器(　　)。
A. 输入端加电信号时导通　B. 输入端加电信号时发光
C. 输出端有光电压输出　D. 输出端有光电流
E. 可实现电—光—电的信号传输
答案：BDE
13. 在直流发电机中，电枢反应的不良后果有(　　)。
A. 电刷下产生有害火花　B. 电刷产生位移　C. 端电压下降
D. 端电压上升　E. 输出电流增大
答案：AC
14. 为使换向器工作状态保持良好，(　　)。
A. 刷握离换向器表面的距离一般调整到 1～2mm　B. 刷握离换向器表面的距离一般调整到 2～3mm
C. 刷握离换向器表面的距离一般调整到 3～5mm　D. 电刷与换向器表面的接触面积不得低于 75%
E. 电刷与换向器表面的接触面积不得低于 95%
答案：BD
15. 测量设备的绝缘电阻不应该使用的仪表是(　　)。
A. 欧姆表　B. 万用表　C. 兆欧表　D. 电桥
答案：ABD
16. 测量电压时，对所用电压表的内阻要求不正确的说法是(　　)。
A. 越大越好　B. 越小越好　C. 没有要求　D. 和被测负载一样大
答案：BCD
17. 要实现泵站的无人值班，泵站电气设备改造要求应满足(　　)。
A. 选择最先进的电动机
B. 应选用可靠性高、维护工作量少的设备
C. 应考虑在无人值班条件下的某些特殊要求，如防火、防盗、保安电源等
D. 应满足泵站的某些运行要求尽量考虑由泵站的自动装置完成
E. 应考虑提高控制系统的可靠性，增强泵站自动化系统的处理故障能力和自动化系统的自身管理能力
答案：BCDE
18. 国家技术制图基本要求规定，图样上尺寸标注的基本规则包括(　　)。
A. 机件的真实大小应以图样上所注的尺寸数值为依据，与图形的大小以及绘图的准确度无关
B. 图样中的尺寸在没有特别说明的情况下，均以 mm 为单位；无须标注计量单位的代号或名称，如采用其他单位，则必须注明相应的计量单位的代号或名称

C. 图样中所标注的尺寸为该图样所示机件的最后完工尺寸，否则应加以说明
D. 机件的同一尺寸一般只标注 1 次，并应标注在反映该结构最清晰的图形上
E. 以绘制图形的几何形状大小为依据
答案：ABCD
19. 根据机件的结构特点，绘制剖视图时应采用不同的剖切方法。常用的方法有(　　)。
A. 倾斜剖切面
B. 用单一剖切面(平行或垂直于某个基本投影面)剖切
C. 用几个相交的剖切面(交线垂直于某个基本投影面)剖切
D. 用几个平行的剖切面剖切
E. 阶梯剖切面
答案：BCD
20. 多梯级灌溉泵站运行优化调度准则包括：以梯级泵站系统水位平衡优先为准则，(　　)。
A. 以满足灌溉用水计划优先为准则　B. 以水泵效率优先为准则
C. 以泵站效率最高为准则　D. 以泵站能耗最少为准则
E. 以事故、故障抢修优先为准则
答案：ABCDE
21.《泵站技术管理规程》规定泵站工作负责人、监护人的安全责任应包括(　　)。
A. 负责现场安全组织工作
B. 督促监护工作人员遵守安全规章制度
C. 检查工作票所提出的安全措施在现场的落实情况
D. 向进入现场的工作人员宣读安全事项
E. 工作负责人、监护人必须始终在施工现场并及时纠正违反安全规定的操作，如因故临时离开工作现场应指定能胜任的人员代替并将工作现场情况交代清楚；只有工作票签发人有权更换工作负责人
答案：ABCDE
22. 计算机监控系统可以采集的信号包括(　　)等。
A. 电气模拟量　B. 开关量　C. 电机转速
D. 脉冲量　E. 温度量
答案：ABCDE
23. 泵组现地控制单元功能包括(　　)和非电量保护。
A. 安全运行监视　B. 数据采集和处理　C. 控制和调整
D. 数据通信　E. 系统诊断
答案：ABCDE
24. PLC 工作过程一般分为三个阶段，分别为(　　)。
A. 输入采样　B. 输出采样　C. 用户程序执行
D. 输出刷新　E. 打印
答案：ACD
25. 技师和高级技师应协助站长搞好本站职工的(　　)工作。
A. 财务预算　B. 技术培训　C. 年终总结
D. 设备维护　E. 技术考核
答案：BE
26. 泵站技术管理内容包括：做好泵站设备和建筑物的(　　)等管理工作。
A. 运行　B. 维护检修　C. 运用调度
D. 安全与环境　E. 信息
答案：ABCDE
27. 考核泵站技术管理工作技术经济指标的依据包括：建筑物完好率、(　　)、安全运行率、财务收支平衡率。

A. 设备完好率　B. 泵站效率　C. 能源单耗
D. 供排水成本　E. 供排水量
答案：ABCDE

28. 主机组包括(　　)及其传动装置。
A. 主水泵　B. 电动机　C. 变压器
D. 启闭机　E. 水闸
答案：AB

29. 一个完整的液压系统的主要组成部分有(　　)。
A. 齿轮泵　B. 动力元件　C. 执行元件
D. 控制元件　E. 辅助元件
答案：BCDE

30. 在组织泵站工程竣工验收以前，主持竣工验收单位应会同项目法人、设计单位、施工单位、安装单位及其他有关单位，准备好文件和资料，包括(　　)；泵站工程管理单位的组织、编制、财务等方面的文件和资料；以及迁建赔偿的有关协议。
A. 竣工验收报告、工程技术总结、竣工图纸和竣工项目清单
B. 工程竣工决算、投资效益和经济效益分析清单
C. 有关工程设计及施工的全部文件，工程和设备质量检测、验收和鉴定文件，有关科研和观测试验报告等
D. 分部工程验收、试运行验收的签证和资料
E. 设备、备品、配件以及管理购置的试验仪表、设备和专用材料，生活及生产用具等资料
答案：ABCDE

31. 依据投影线之间的相互位置关系，投影可分为(　　)。
A. 中心投影　B. 直角投影　C. 平行投影
D. 斜角投影　E. 正投影
答案：AC

32. 根据有关标准规定，用正投影法绘制出的物体图形称为视图。视图通常有(　　)。
A. 基本视图　B. 向视图　C. 局部视图
D. 斜视图　E. 旋转视图
答案：ABCD

33.《泵站技术管理规程》规定工作许可人(值班负责人)的安全责任应包括(　　)。
A. 按照工作票的规定在施工现场实现各项安全措施
B. 会同工作负责人到现场最后验证安全措施
C. 与工作负责人分别在工作票上签名
D. 工作结束后，监督拆除遮栏、解除安全措施，结束工作票
E. 销毁工作票
答案：ABCD

34. 中性线的功能是用来传导系统中的(　　)的。
A. 单相电压　B. 不平衡电压　C. 不平衡电流
D. 电位偏移　E. 单相电流
答案：CE

35. 相与相或相与地之间直接金属性连接为短路。短路种类主要有(　　)。
A. 三相短路　B. 两相短路　C. 单相接地短路
D. 两相接地短路　E. 单相短路
答案：ABCD

36. 目前，数字数据通信可使用的通信介质包括(　　)。
A. 同轴电缆 COX　B. GPRS　C. 屏蔽双绞线 STP
D. 非屏蔽双绞线 UTP　E. 光纤

答案：ABCDE

37. 技师和高级技师应根据本站的实际情况，组织职工学习(　　)，开展技术革新活动。

A. 新技术　B. 新经验　C. 新材料

D. 新计划　E. 新工艺

答案：ABE

38. 开展更新改造和技术创新，应采用和推广(　　)。

A. 新技术　B. 新设备　C. 新材料

D. 新工艺　E. 新方法

答案：ABCD

39. 试运行验收，应使每台主机组(　　)，并通过考核。对执行有困难的，应报上级主管部门研究决定。

A. 合计运行 12h　B. 累计运行 24h　C. 连续运行 6h

D. 开停机不少于 3 次　E. 开停机 2 次

答案：BCD

40. 图样中标注的尺寸一般由(　　)等要素组成。

A. 尺寸界线　B. 尺寸线　C. 箭头

D. 尺寸数字　E. 尺寸线终端

答案：ABDE

41. 一张完整的装配图，一般应具有(　　)。

A. 一组视图　B. 必要的尺寸　C. 技术要求

D. 零件序号、标题栏和明细表　E. 装配图图名

答案：ABCD

42. 目前，对水锤的防控措施较多，一般可选择空气罐、(　　)等方式防护。

A. 调压塔　B. 缓闭阀　C. 空气阀

D. 水锤消除器　E. 通气管

答案：ABCDE

43.《泵站技术管理规程》规定工作票签发人应对(　　)问题给出结论。

A. 审查的随机性　B. 审查工作的必要性

C. 审查现场工作条件是否安全　D. 工作票上指定的安全措施是否正确完备

E. 指派的工作负责人和工作班人员能否胜任该项工作

答案：BCDE

44. 所谓静态工作点，是指(　　)在三极管输出特性上所在的位置。

A. I_a　B. I_b　C. I_c

D. I_{ceo}　E. U_{ce}

答案：BCE

45. 泵站计算机监控系统(站内或站外)可以采用的通信方式有(　　)和 GSM/GPRS。

A. 串口通信 RS232　B. 以太网(局域网)　C. RS485/RS422

D. 并口通信　E. 现场总线

答案：ABCE

46. 泵站计算机监控系统的基本性能指标包括(　　)和安全性。

A. 实时响应性　B. 可靠性　C. 适应性(或可扩充性)

D. 速动性　E. 可维护性

答案：ABCE

47. 水泵机组正朝着大容量、(　　)等方向迅速发展。

A. 高速化　B. 高效率　C. 低噪声

D. 电气化　E. 自动化

答案：ABCE

第三节 操作知识

一、单选题

1. 下列对安全带使用注意事项描述错误的是( )。
A. 挂点应位于工作平面上方
B. 使用2m以上的安全绳应采用自锁器或速差式防坠器
C. 使用3m以上的安全绳应采用自锁器或速差式防坠器
D. 应检查安全带各部位是否完好无损
答案：D

2. 水泵机组负载太大，应检查( )轴承是否抱死。
A. 橡胶 B. 油导 C. 推力 D. 下导
答案：A

3. 设备检查是对设备的( )和零部件磨损程度的检查。
A. 外观检查 B. 试验检查 C. 绝缘检查 D. 运转可靠性检查
答案：D

4. 关于热继电器在电路中的使用，下列描述正确的是( )。
A. 直接切断主回路 B. 起短路保护作用
C. 过载后切断控制回路 D. 起电源过压保护
答案：C

5. 水泵机组停机前，应先关闭引水闸门。对离心泵，应先关闭( )，然后慢慢关闭出水管上的闸阀，再关闭真空表，最后停机。
A. 电流表 B. 温度表 C. 压力表 D. 出水闸门
答案：C

6. 启动前，应对机组进行全面仔细的检查，及时处理发现的问题。长期停用或大修后的机组在投入正式作业前，还应进行( )。
A. 摆度检测 B. 全面测试 C. 反复检查 D. 试运行
答案：D

7. 建立泵站与其他相关工程联合运行的水力特性关系，可充分发挥( )，还可节能能源。
A. 机组功率 B. 机组效益 C. 水泵效率 D. 泵站工程效益
答案：D

8. 当水泵采用叶片全调节方式而须在电动机主轴内开孔时，应复核电动机主轴的( )。
A. 硬度和强度 B. 硬度和刚度 C. 强度和刚度 D. 弹性和韧性
答案：C

9. 扑救电气火灾，首先应做的是( )。
A. 使用二氧化碳灭火器灭火 B. 切断电源
C. 使用干粉灭火器灭火 D. 撤离现场
答案：B

二、多选题

1. 启动前，应对机组进行全面仔细的检查，及时处理发现的问题。检查的主要内容包括( )。
A. 前池和管道部分的检查 B. 闸门的检查
C. 水泵部分的检查 D. 电动机部分的检查
E. 辅助设备的检查与试运行
答案：ACDE